别让心态毁了你

端木自在 ◎著

图书在版编目（CIP）数据

别让心态毁了你/端木自在著.——上海：立信会计出版社，2016.7

（时光新文库）

ISBN 978-7-5429-5036-9

Ⅰ.①别… Ⅱ.①端… Ⅲ.①情绪—自我控制—通俗读物 Ⅳ.①B842.6-49

中国版本图书馆CIP数据核字(2016)第104623号

策划编辑　蔡伟莉
责任编辑　蔡伟莉
封面设计　久品轩

别让心态毁了你

出版发行	立信会计出版社
地　　址	上海市中山西路2230号　　邮政编码　200235
电　　话	（021）64411389　　传　真　（021）64411325
网　　址	www.lixinaph.com　　电子邮箱　lxaph@sh163.net
网上书店	www.shlx.net　　电　话　（021）64411071
经　　销	各地新华书店
印　　刷	北京柯蓝博泰印务有限公司
开　　本	880毫米×1280毫米　　1/32
印　　张	8　　插　页　1
字　　数	215千字
版　　次	2016年7月第1版
印　　次	2019年8月第6次
书　　号	ISBN 978-7-5429-5036-9/B
定　　价	29.00元

如有印订差错，请与本社联系调换

前 言
Preface

　　现实生活中我们发现，有的人事业有成、家庭美满幸福、经济宽裕，并拥有良好的人际关系；有的人辛苦劳累了一辈子，收入却仅能够维持生计，不但事业无成，而且人际关系也一塌糊涂，生活中好像处处都碰壁。其实，人与人之间并没有本质的区别，个体间的差异也不是很大，然而为什么有的人能够快乐地过着高品质的生活，有的人却不能这样呢？

　　心理学家经过研究发现，是心态决定了人们的这一切，心态决定着人们的生活质量，又掌握着每个人的命运。什么是心态？心态即心理态度的简称，它主要是指动能心理因素和复合心理因素所包括的各种心理品质的修养和能力；也就是人的意识、动机、观念、情感、气质、兴趣等心理状态的总和，是人的心理对各种信息刺激做出反应的趋向。

　　心态决定一切，怎样的心态决定怎样的人生。命运不可见，一个人很难把握自身的命运，遂有"命中注定"之类的话语左右我们的生活。然而，当我们知道心态是决定命运的基础之时，那么，命运又有什么不可把握的呢？心态是你可以随时改变，随时纠正，随时改善的。人的潜能是无限的。好的心态能迸发巨大的能量，而这些能量足以改变你的一生。

　　心态与个人的命运息息相关，无论是做人还是做事，我们都必须保持一种健康、良好的心态，只有心态摆端正了，做人做事才会得心应手。生活难免遭遇一些挫折和困顿，难免遇到一些不顺心的事情。

怎样处理这些事情是技巧问题，但是怎样看待这些事情，则是个人的心态问题。心态好了就会大事化小，小事化无；心态不好，则会酿成心理疾病。据现代心理学的研究，长期养尊处优、高人一等的环境很有可能会在人的心里埋下祸根，将来万一由于社会环境或家庭环境的变化导致了人的心理失衡，则往往会酿成严重的灾祸。

选择好的心态还是选择不好的心态，决定权在自己的手中，好的心态是人生道路上的一盏明灯，选择了它就等于选择了通往成功的希望；不好的心态是人生道路上的一块绊脚石，选择了它就等于选择走向失败的境地。所持的心态不同，人的命运也会各有千秋。好的心态，将会带你走入幸福与安康的乐园；而坏的心态将使你一生生活在痛苦抑郁之中。

我们完全有理由相信，决定人生成败的因素有许多，个人能力、家庭背景、社会关系、机遇等都是不可或缺的因素，然而，心态却在人生的成败过程中起着主导作用，它规范了人的思维和言行，世上任何一个人的成功与失败，都逃不出"心态"这把神秘钥匙的引导和支配。

本书从做人做事的心态这一方面着手，分析心态对于人生的重大意义和对于命运的重要性。内容基本涵盖了个人生活、工作、学习中几乎所有的心态问题。通过对比分析以及它们各自将产生好的或坏的影响，告诉读者如何防治坏心态以及如何培养建立好心态。

保持健康的心态，从现在做起，克服悲观与消极，倡导乐观与积极，获取生活与事业的成功。让你的命运随着你心态的改变而改变。

目 录
Contents

第1章 心态决定命运
——建立一个良好的心态

两个秀才一口棺材的故事 002
积极心态的力量 003
消极心态的影响 005
心态怎样人生就怎样 007
心态决定一切 009
心态是命运的主宰 011
好心态创造好人生 012
改变心态改变未来 014
不要被心灵束缚 016
不良心态解决技巧 018
  建立积极心态的5个方法 018
  心理医生教给你的6个方法 019
  培养成功心态的20条经验 020
  成功人士的10种心理品质 022

第2章 做最好的自己
——好心态助你建立自信

自卑让你处处遇挫 026
自卑，让你远离成功 027
击败那个消极的"我" 030

信心不足难成事 033
不说"办不到"，多说"办得到" 034
对自己说：我能行 036
不良心态解决技巧 037
　　自卑者的 7 个特征 037
　　战胜自卑的 6 个方法 039
　　5 招喊出你的信心 041
　　重建自信的 6 个方法 043

第 3 章　生气不如争气
——好心态助你调节情绪

坏情绪能毁掉你 048
情绪化，误人又误事 049
坏情绪会相互传染 051
做自己情绪的主人 054
情绪越好，心态越积极 055
做自己的情绪调节师 057
不良心态解决技巧 060
　　是什么在影响你的情绪 060
　　坏情绪会造成哪些危害 061
　　处理不良情绪的方法 063
　　最有力量的 10 种情绪 064
　　消解怒气的 8 个方法 068
　　获得好情绪的 4 个方法 069

第 4 章　方法总比问题多
——好心态助你正确思考

想法决定我们的生活 074

不找借口找方法 075
找出问题的症结 077
寻找方法机会更多 079
思路一改变，成功快一半 081
把问题反过来思考 082
不良心态解决技巧 084
  发散性思维的 4 种方法 084
  形象思维的 5 个关键步骤 087
  直觉思维的两种训练方法 090
  运用抽象思维的两个过程 092

第 5 章　善待别人善待自己
——好心态助你左右逢源

不因无谓的琐事得罪人 096
别太拿自己当回事 098
做事情切忌强出头 100
降低姿态与他人交往 101
口头的胜利，做人的失败 103
有好处分他人一杯羹 105
摘下自己的有色眼镜 107
不要意气用事 109
不良心态解决技巧 112
  点旺人气的 8 种法则 112
  办公室说话的 11 条潜规则 115
  学会说"不"的 8 个技巧 118
  社会交往中的 10 种礼仪 121

第6章 心理暗示的力量
——好心态助你释放潜能

怕什么来什么 126
谁怂恿着中国人去抢盐 127
算命先生为什么说得那么准 129
用正面期望解决自我矛盾 132
不要强迫你的潜意识 134
正确运用"自我暗示" 136
不要自我设限 137
不良心态解决技巧 140
    暗示是怎样产生力量的 140
    如何开发利用你的潜意识 141
    要怎样"做自己的主宰" 143

第7章 每天进步一点点
——好心态让你事业有成

你也可以心想事成 146
放下昨天,才有明天 148
听从内心的呼唤 150
燃烧成功的欲望 151
野心有助成功 152
从恐惧中彻底解脱 154
清除颓废的毒素 155
击败犹豫的恶习 156
不良心态解决技巧 159
    怎样在短时间内把事情做好 159
    提高工作效率的 4 种方法 160
    把 24 小时变成 48 小时的办法 162

活用下班后业余时间的技巧 165
利用空当时间的技巧 167
节约交际时间的妙招 169

第8章 你在为自己工作
——好心态助你前程似锦

人需要有一种务实的态度 174
培养对工作的兴趣和热情 175
成为老板需要的人 176
工作要从基层做起 179
没有轻松地做出成就的人 181
只为薪水工作是一种短视 182
不断学习，不断提高 183
与其抱怨不如改变 185
把事情做"到位" 186
勇于承担责任 187
不良心态解决技巧 189
  如何在工作中脱颖而出 189
  恢复工作激情的4条建议 190
  掌握职场晋升之道 192
  影响职场晋升的5个认识误区 194
  外企职员快速晋升的6大要素 195
  说服老板加薪的5个技巧 196

第9章 学会选择懂得放弃
——好心态助你获得幸福

不要让自己有太多舍不得 200
寻找最大的麦穗 200

人生在于选择 202
汗水和泪水你选择哪一样 203
能舍就能拥有想要的一切 205
放弃也是一种选择 206
该放手时且放手 207
放弃盲目的执著 209
有时要放弃自己的感情 210
不良心态解决技巧 212
    感受幸福的 9 个步骤 212
    拿得起放得下的 4 个表现 213

第 10 章　一分钟百万富翁
——好心态助你吸引财富

将财富列为梦想的主角 216
每天对自己说："我要赚大钱！" 217
誓做富爸爸，不做穷爸爸 219
不走多数人走的路 221
只要有钱就拿去做投资 222
将金钱视为谋求幸福的工具 224
成为亿万富翁的关键特质 226
再穷也要站在富人堆里 228
不良心态解决技巧 229
    摒弃 6 种贫穷的心态 229
    巴菲特的"三要三不要"理财法 232
    邓普顿的 16 条投资法则 233
    泰勒·巴纳姆的理财方法 235
    洛克菲勒的 8 种赚钱理念 241

第1章
心态决定命运
——建立一个良好的心态

  决定一个人能否成功的重要因素是心态。心态,控制人的行动和思想,决定人的视野和成就。爱因斯坦有一个成功公式:成功 =1% 的天赋 +99% 的汗水。成功需要一定的天赋,但最终起决定作用的还是占 99% 的"汗水"。99% 的汗水,就是100% 的心态。

两个秀才一口棺材的故事

对某一客观事物,你是如何思考的,你就有什么样的看法,你有什么样的看法,就会得到什么样的结果。

人的思维就是一个有目标的电脑系统。萦绕在人的头脑中的潜意识,就犹如电脑程序,直接影响这种机制运作的结果。如果你在潜意识中认为自己是一个失败的人,你会不断地在自己内心的"屏幕"上看到一个垂头丧气、难当大任的自我;听到"我不长进""没有出息"这一类的负面话语;然后感受沮丧、自卑、无奈与无能——而你在现实生活中便会"注定"失败。

另外,如果你在潜意识中认为自己是一个成功人士,你会不断地在你内心的"屏幕"上见到一个意气风发、神清气爽的自我;听到"你做得很好,但你会做得更好"这一类的激励话语;然后感受到喜悦、自尊、快慰与卓越——而你在现实生活中便会"注定"成功。

有一个大家非常熟悉的故事:

两个秀才一起去赶考,路上他们遇到了一支出殡的队伍。看到那一口黑乎乎的棺材,其中一个秀才心里立即"咯噔"一下,凉了半截,心想:完了,真触霉头,赶考的日子居然碰到个倒霉的棺材。于是,心情一落千丈,走进考场,那个"黑乎乎的棺材"一直挥之不去,结果,文思枯竭,果然名落孙山。

另一个秀才也同时看到了,一开始心里也"咯噔"了一下,但转念一想:棺材,噢!那不就是有"官"又有"财"吗?好,好兆头,看来今天我要鸿运当头了,一定高中。于是他心里十分兴奋,情绪高涨,走进考场,文思泉涌,果然一举高中。

回到家里,两人都对家人说:"那'棺材'真的好灵!"

著名心理学家艾利斯说:"人的情绪主要根源于自己的信念以及

他对生活情境的评价与解释的不同。"一个人怎样想就会有怎样的结果，正如俗话说的"盐打哪咸，醋打哪酸"。第一个秀才之所以落得个名落孙山的结果，是因为他考场上文思枯竭，而文思枯竭是因为情绪不好，情绪不好又是因为他看到令他感到"触霉头"的棺材。另一个秀才之所以金榜题名，是因为他考场上文思泉涌，而文思泉涌是因为情绪高涨，情绪高涨又是因为看到令他感到"好兆头"的棺材。

现实生活中，没有人甘愿伤害自己。马路上猛开车闯红灯的司机，他不知道闯红灯有危险。如果他真知道，就再也不会疯狂飙车了。否则，他不是神志不清，喝多了酒违章驾驶，就是神经错乱。同样，我们越清楚消极情绪的害处，就越会远离它们。当你觉得忧郁涌上心头时，请将精力转移到那些与忧郁完全相反的事物上，如快乐、感恩和善待他人等，这样，你会惊奇地看到那些阻碍你成功脚步的万恶敌人，转眼间无影无踪了。如果你暂时没有充满希望的性情的话，那么就请你想象一下这种性情，它很快就会属于你。

积极心态的力量

真正决定事物结果的根源并非该事物的本身，而是我们自己对事物的信念、评价与解释。即：一切的根源不是事物的本身，而是有权对该事物做出不同评价的我们自己——我们是一切的根源。

我们可能无法改变人生，但我们至少可以改变人生观；我们可能无法改变风向，但我们至少可以调整风帆；我们可能无法左右事情，但我们至少可以调整自己的心情。

积极的人对事物永远都能找到积极的解释，然后寻求积极的解决办法，最终得到积极的结果。接下来，积极的结果又会正向强化他积极的情绪，从而又使他成为更加积极的人。

山姆是一家公司的部门经理，最近失业了。他是突然被炒鱿鱼的，而且老板未做任何解释,唯一的理由是公司的政策有变化,现不再需要他了。更令他难以接受的是,就在几个月以前,另一家公司还想以优厚的条件将他挖走,当时山姆把这事告诉了老板,老板极力地挽留他说:"我们更需要你!而且,我们会给你一个更好的前景。"

但现在山姆却落到了如此田地,可想而知他是多么痛苦。自尊心深受损害,一个原本能干而有生机的山姆变得消沉沮丧、愤世嫉俗。在这种心境下,他怎么可能找到新的工作呢?

有一天,他无意中翻出《积极心态的力量》这本书。看过一遍后,开始思考,他目前这种状况是否也存在一些积极的因素呢?他不知道,但他发现了许多消极负面的情绪,这些负面因素是使他一蹶不振的主要原因。他也意识到一点,要想发挥积极心态的作用,自己首先必须做到一点——排除消极的心态。

没错!这便是他必须着手开始的地方。于是他开始改变思维方式,摒除消极的情绪,代之以积极的思想,使自己心灵复苏。一旦他开始相信所发生的一切事情都确有其因之后,他不再对老板生气,他认为,如果自己身为老板,也许会不得不如此。当他如此考虑之后,自己的整个心态完全变了,他又找到了自己的工作。

人之珍贵,贵在有思想;所以,在遇到意外的打击时,要表现得像个有心人,积极去面对。

一个人在面临困难的时候,逃避不是办法,只有鼓起勇气,积极地调整心态加以克服才是最重要的,在这种情况下,就能发挥出意想不到的智慧和潜力而获得好的效果。

就像许多成功人士一样,山姆也是拥有一个积极心态的人,他们的特征表现如下:

(1)永远积极乐观、从不抱怨。

(2)即使是在最艰难的时刻都能鼓励自己。

(3)从不自我设限,因而能激发自身无限的潜能。

(4)尽量将自己的积极情绪感染周围的同伴。

（5）整天都生活在正面情绪当中，时刻都在享受人生的乐趣。

（6）总是积极地寻求解决问题的方法，因此他总能让希望之火重新点燃。

"人不是注定要被打倒的"，这是海明威的著名格言，它代表一种高度整合的积极心态。如果说世界上真的存在神话的话，看来非积极心态莫属，它是我们成功的魔法石。我们的一切活动，都离不开积极心态的作用。

消极心态的影响

对事物的看法，没有绝对的对错之分。但有积极与消极之分，而且每个人都必定要为自己的看法承担最后的结果。

消极心态，对事物永远都会找到消极的解释，并且总能为自己找到抱怨的借口，最终得到了消极的结果。接下来，消极的结果又会逆向强化的情绪，从而又使他成为更加消极的人。

林女士和王女士同样在市场上经营服装生意，她们初入市场的时候，正赶上服装生意最不景气的季节，进来的服装卖不出去，可每天还要交房租和市场管理费，眼看着天天赔钱。这时林女士动摇了，她以认赔了5 000元钱的价钱把服装店盘了出去，并发誓从此不再做服装生意。而王女士却不这样想。她认真地分析了当时的情况，觉得赔钱是正常的，一是自己刚刚进入市场，没有经营经验，抓不住顾客的心理，当然应该交一点学费；二是当时正赶上服装淡季，每年的这个季节，服装生意人也都不赚钱，只不过是因为他们会经营，能够维持收支平衡罢了。而且，王女士对自己很有信心，知道自己适合做服装生意。果然，转过一个季节，王女士的服装店开始赚钱。三年后，她已成为当地有名的服装生意人，每年有5万元的红利。而林女士在三年内改行几次，都未成功，仍然穷困潦倒，一筹莫展。

王女士为什么能成功？因为她的心态是积极的，凡事向好处看。而林女士为什么会失败？因为她的心态是消极的，凡事向坏处看。

成功最大的敌人就是消极的心态。这种心态常常把我们吓倒。自卑症、借口症、恐惧症和忧虑症是消极心态的具体表现，其他消极心态表现在悲观、压抑、偏见、固执、僵化，自我意识太强，一蹴而就的心理、急躁、不讲方法的蛮干，冲动心理，畏难而退的心理，内疚悔恨，沮丧泄气，愤怒嫉恨……真是太多了。

这些消极的想法常常不请自入，光顾我们的头脑。它们像毒菌一样侵害我们的心灵。如果不加抵制，它们便会迅速繁殖扩散，使我们整个人生走向消极和失败。

长期受多种消极心理影响的人，几乎像得了癌症一样，从里到外，都表现出"我不能""我不行""我不要"等无能的症状。以下是消极心态的典型特征：

（1）永远悲观失望，抱怨他人与环境。

（2）尽量将自己的消极情绪传染给他人。

（3）总是在关键时刻怀疑自己，散布疑云。

（4）常常自我设限，让自己本身无限的潜能无法发挥。

（5）因为自己行为消极，最终会让仅有的希望彻底泯灭。

（6）整天生活在负面情绪当中，使人不能享受人生固有的乐趣。

马丁博士还是一个小孩子的时候，学校里有一位令他难忘的好老师。他常常会突然无缘无故地停下讲课，走到黑板前写下两个好大好大的字"不能"。然后转过头来，笑问全班同学："我们该怎么办？"同学们就会高高兴兴地对他说："把'不'字去掉。"老师拿起黑板擦，把"不"字擦掉，"不能"就变成"能"了。

每个人就需要这样的教导，每个人必须随时提醒自己，把"不"字去掉，就只剩下"能"了。这就是每个人真正去想的方式，想自己远离失败。如果"不能"这个词在心中扎根，就会招致许多烦恼。

如果你总是在说"能"，把消极思想所带来的灰尘污垢去掉，每天都以清醒的头脑开始新的一天,这种智慧、清晰的思想将会引导你走上成功之路。

心态怎样人生就怎样

拿破仑·希尔曾讲过这样一个故事,对我们每个人都极有启发。

塞尔玛陪伴丈夫驻扎在一个沙漠的陆军基地里。她的丈夫奉命到沙漠里去演习,她一个人留在陆军的小铁皮房子里,天气热得受不了——在仙人掌的阴影下也有华氏125度。她没有人可谈天,只有墨西哥人和印第安人,而他们不会说英语。她非常难过,于是就写信给父母,说要丢开一切回家去。她父亲的回信只有两行,却永远留在她心中,完全改变了她的生活:两个人从牢中的铁窗望出去,一个看到泥土,一个却看到了星星。

塞尔玛一再读这封信,觉得非常惭愧,她决定要在沙漠中找到星星。塞尔玛开始和当地人交朋友,他们的反应使她非常惊奇,她对他们的纺织、陶器表示兴趣,他们就把最喜欢但舍不得卖给观光客人的纺织品和陶器送给了她。塞尔玛研究那些引人入迷的仙人掌和各种沙漠植物、物态,又学习有关土拨鼠的知识。她观看沙漠日落,还寻找海螺壳,这些海螺壳是几万年前,这沙漠还是海洋时留下来的——原来难以忍受的环境变成了令人兴奋、流连忘返的奇景。

是什么使这位女士内心有这么大的转变?沙漠没有改变,印第安人也没有改变,但是这位女士的念头改变了,心态改变了。念头之差使她把原先认为恶劣的情况变为一生中最有意义的冒险。她为发现新世界而兴奋不已,并为此写了一本书,以《快乐的城堡》为书名出版了。她从自己造的牢房里看出去,终于看到了星星。

生活中,失败平庸者大多主要是心态有问题。遇到困难他们只是挑选容易的倒退之路。"我不行了,我还是退缩吧。"结果陷入失败的深渊。成功者遇到困难,仍然是积极的心态,用"我要!我能!""一定有办法"等积极的意念鼓励自己,于是便能想尽办法,不断前进,直至成功。爱迪生试验失败几千次,从不退缩,最终成功地创造了照亮世界的电灯。

因此,成功学家拿破仑·希尔说:"一个人能否成功,关键在于他的心态。"成功人士与失败人士的差别在于成功人士有积极的心态。而失败人士则运用消极的心态去面对人生。成功人士运用积极的心态支配自己的人生,他们始终用积极的思考、乐观的精神和辉煌的经验支配和控制自己的人生。失败人士是由受过的种种失败与疑虑所引导和支配的,他们空虚、猥琐、悲观失望、消极颓废,最终走向了失败。

运用积极的心态支配自己人生的人,拥有积极奋发、进取、乐观的心态,他们能乐观向上地正确处理人生遇到的各种困难、矛盾和问题。运用消极的心态支配自己人生的人,心态悲观、消极、颓废,不敢也不去积极地解决人生所面对的各种问题、矛盾和困难。

有些人总喜欢说他们现在的境况是别人造成的,环境决定了他们的人生位置。这些人常说他们的想法无法改变。但是,我们的境况不是周围环境造成的。说到底,如何看待人生,由我们自己决定。纳粹德国某集中营的一位幸存者维克托·弗兰克尔说过:"在任何特定的环境中,人们还有一种最后的自由,就是选择自己的态度。"

马尔比·D.马布科克说:"最常见同时也是代价最高昂的一个错误,是认为成功有赖于某种天才,某种魔力,某些我们不具备的东西。"可是成功的要素其实掌握在我们自己的手中。成功是运用积极的心态的结果,一个人能飞多高,并非由人的其他因素,而是由他自己的心态所制约。拿破仑·希尔告诉我们,我们的心态在很大程度上决定了我们人生的成败:

我们怎样对待生活,生活就怎样对待我们。

我们怎样对待别人,别人就怎样对待我们。

我们在一项任务刚开始时的心态决定了最后有多大的成功,这比任何其他因素都重要。

人们在任何重要组织中地位越高,就越能找到最佳的心态。

当你认为自己是有能力的话,你就会觉得各方面只要经过自己努力就能取得成功。因为这个世界上没有任何人能够改变你,只有你能改变自己,也没有任何人能够打败你,也只有你自己。因此,无论你自身条件如何恶劣,只要你运用积极的心态,并将它和成功定律的其他定律相结合,就可能达到成功的彼岸。反之无论你自身条件如何优秀,机会如何千载难逢,只要你运用消极的心态,则你的失败是必然的。

心态决定一切

很多人坚持自己旧有的思想,但总是没有得到他想要的结果,别人问他:"现在得到了想要的结果了吗?假如得到了,表示你的思想很正确;假如没有,表示你的思想需要改进。"他说:"现在没有得到我要的结果。"别人再问:"你不断地抱着同样的想法,当然不断地产生同样的结果。你希望产生不同的结果,但是没有改变思想,反而还坚持你过去的想法,这叫什么?"他说:"这叫作冥顽不灵,食古不化。"

你过去的想法要是能帮你成功的话,那你早就已成功了。你现在为什么不替换一下成功者的思想,来帮助你成功呢?以这样实事求是的精神来检验你自己的心态,才是一个成功者的必备态度。

很多人想要人际关系更好,收入更高,或者更健康,更成功,也知道不管想达到什么结果,这些结果都必须通过行动来完成,但就是疏于行动。要有更好的行动,就必须做出更好的决定,然而要有更好的决定就必须先有更好的思想。

心态决定了我们所说的话,我们所产生的行为,我们对别人的态度,我们所做的决定,换句话说,心态决定一切。举例来说,今天你看到一个人很讨厌,对他态度不好,是因为你看他不顺眼,虽然你和他之间并没有什么深仇大恨，原因在于那个人的长相你不喜欢。长相不好，为什么你对他态度就不好呢？原来你有一种以貌取人的心态。

　　认为自己一定会成功的人，凡事都非常积极与乐观，一旦他掌握住机会，就会毫不犹豫地立刻行动，即使行动遇到挫折，他依然抱着积极乐观的想法，认为世界上没有失败，只有成功的暂停。于是，这种人经常再试一次，坚持到底，最后走向成功。成功之后，他又会更加坚信"我一定会成功"。

　　一个"我一定会成功"的思想会导致自己的成功。成功后，再度坚持我一定会成功，进入了生命中的成功循环线，所以成功会导致成功。

　　相反，一个认为"我做什么都不会成功"的人，做事消极被动，又悲观，经常犹豫不决，不敢行动，就算行动，遇到挫折也会立刻放弃，导致他总是失败，失败后他又更加确信自己"做什么都不会成功"的信念。

　　一个人"会失败"的信念会导致自己的失败，然后再度坚信自己会失败，他就会进入生命中的失败循环线，所以失败会导致失败。

　　成功的想法导致成功，失败的想法导致失败。一台电脑没有软件就是废铁，一个人没有思想就是白痴。一个人的头脑中没有成功的思想，又如何能够成功呢？所以，我们看到很多人认真负责、吃苦耐劳、省吃俭用，到了五六十岁仍然一事无成，都是因为他们缺乏积极的心态、正面的信念。

　　大部分人都有太多的负面思想，凡事都喜欢往坏处想，也都有太多的负面言谈，每天不是批评这个，就是抱怨那个，不是认为自己这个不行，就是那个办不到。这也难怪，大部分人都过着不理想的生活，原来这就是原因所在。而对你来说，你必须每天问自己：我今天有哪些思想？我现在有哪些思想？这些思想会造成哪些后果？这种后果是不是我想要的？假如不是，那我要什么样的结果？我必须怎样想，才能得到我想要的结果？假如你能经常这样，养成自我分析的习惯，你的人生一定会有大的改变。成功的人士都是这么做的，积极的心态改变了他们的一生。

成功的人都是有积极心态的人,对凡事都抱着正面想法的人。用乐观的心态面对每一件事,是成功者的特质。相信你会用心态来改变你的命运。

心态是命运的主宰

美国总统富兰克林·罗斯福就是运用积极的心态而成就事业的典型。8岁的罗斯福是一个脆弱胆小的男孩,脸上常常带着惊恐的表情。他呼吸就像喘气一样,如果被喊起来背诵,他会立即双腿发抖,嘴唇颤动不已,回答得含糊且不连贯,然后颓废地坐下来,如果他有好看的面孔,也许就会好一点,但他却是暴牙。

像他这样的小孩,自我感觉一定很敏锐,回避任何活动,不喜欢交朋友,成为一个只知自怜的人。但事实却不是这样。他虽然有些缺陷,但他却有着积极的心态(积极的心理品质,有一种积极、奋发、乐观、进取的心态,这种积极的心态,就激发了他的奋发精神。他的缺陷促使他更努力地去奋斗,他不因为同伴对他的嘲笑便减低了勇气,他喘气的习惯变成一种坚定的嘶声。他用坚强的意志,咬紧自己的牙床使嘴唇不颤动而克服他的惧怕。他就是凭着这种奋斗精神,凭着这种积极的心态,终于成为美国总统。

他不因自己的缺陷而气馁,他甚至加以利用,变其为资本,变为扶梯而爬到成功的巅顶。在他的晚年,已经很少有人知道他曾有严重的缺陷。美国人民都爱他,他成为美国第一个最得人心的总统,这种情况是以前未曾有过的。他的成功是何等神奇、伟大,然而先天所加在他身上的缺陷又是何等的严重,但他却能毫不灰心地干下去,直到成功的日子到来。像他这样的人,如果停止奋斗而自甘堕落,则是相当自然而平常的事!但是他却不这么做。他不把自己当作婴孩看待,而要使自己成为一个真正的人。

他看见别的强壮的孩子玩游戏、游泳、骑马，或做各种极难的体育活动时，他也强迫自己去参加打猎、骑马，或进行其他一些激烈的活动，使自己变为最能吃苦耐劳的典范。

他看见别的孩子用刚毅的态度对付困难，用以克服惧怕的情形时，他也就用一种探险的精神，去对付所遇到的可怕的环境。如此，他也觉得自己勇敢了。

当他和别人在一起时，他觉得他喜欢他们并不愿意回避他们。

由于他对人感兴趣，从而自卑的感觉便无从发生。他觉得当他用"快乐"这两个字去接待别人时，就不觉得惧怕别人了。在他未进大学之前，已由自己不断的努力，有系统的运动和生活，将健康和精力恢复得很好了。

罗斯福使自己成功的方式是何等的简单，然而却又是何等的有效！这是每个人都可以实行的。罗斯福成功的主要因素在于他的心态和他的努力奋斗，但更重要的是他的心态。正是他这种积极的心态激励他去努力奋斗，最后终于从不幸的环境中找到了成功的秘诀。他使用隐形护身符把心态积极的那面朝上，终于一次又一次吸引成功到他的身边。

"我是自己命运的主宰，我是自己灵魂的领导。"这句话告诉我们：因为我们是自己态度的主宰，所以自然变成命运的主宰。态度会决定我们将来的机遇，这是行之四海而皆准的定律。同时也向我们表示，无论态度是破坏性的或建设性的，都无疑会左右你的一生。

好心态创造好人生

任何事情都不会无缘由地光临到我们头上，我们事业成败与否的原因在于我们的思想。我们的心态创造我们成功或失败的条件。有好的心态必然就有好的结果。我们工作的效果是与我们思想的性质，与我们惯常的心态相一致的。为了有所成就，思想必须保持在一种积极的、富有创造性的状态中。混乱、担忧、沮丧和绝望的心态会使人变得消极起来，并会给我们制造许多心理、思想上的敌人，而这些心理、思想上的敌人将严重阻碍我们走向成功和幸福。

我们的思想很奇妙。我们对它们有什么希冀和要求，它们就会满足我们的希冀和要求。如果我们信任它们，依靠它们，它们就可能给我们最好的回报。如果我们担忧害怕，它们也会担忧和害怕。

怀有远大抱负的人，凭着他的毅力与自信总能扫除人生道路上的种种障碍，但是，对于那些意志薄弱、优柔寡断的人物，这些障碍会永远伴随着他们。因为这些人的思想里充满了负面的想法。很快，这种微妙的心理暗示作用就会对他的意志和能力产生影响，他们的创新精神会遭到极大的削弱，他们就再也不像以前那样满腔热忱、劲头十足地去从事任何事情。他们就逐渐失去了大刀阔斧、雷厉风行的果断处理一切事情的能力，他们的思想很快就会变得松动起来。因而，他们就不会像以前那样成为领导者，反而成为追随者。

有个故事是这么说的：

有位太太请了位油漆匠到家里粉刷墙壁。油漆匠一走进门，看到她的丈夫双目失明，顿时流露出怜悯的眼光。可是男主人一向开朗乐观，所以油漆匠在那里工作几天，他们谈得很投机；油漆匠也从未提起男主人的缺憾。

工作完毕，油漆匠取出账单，那位太太发现比谈妥的价钱打了一个很大的折扣。她问油漆匠："怎么少算这么多？"油漆匠回答说："我与你先生在一起觉得很快乐，他对人生的态度，使我觉得自己的境况还不算最坏，所以减去的那一部分，算是我对他表示一点谢意，因为他使我不会把工作看得太苦！"

油漆匠对她丈夫的推崇，使她流下眼泪，因为这位慷慨的油漆匠，只有一只手。

故事中的油漆匠真是不简单，那位男主人也不简单。

态度就像磁铁，不论我们的思想是正面还是负面的，我们都受到它的牵引。而思想就像轮子一般，使我们朝一个特定的方向前进。

在众多的成功者中，有一个共同的特点，那就是他们总是保持积极的心态去面对人生道路上的风风雨雨。是创造力、进取精神和鼓舞、激励人心的力量在支撑和构造着所有的成就。一个强健、充满活力的人总是创造条件，使心中的愿望实现。

当我们拥有积极的、建设性的思想时，当我们正在创造业绩时，消极的、沮丧的、不健康的和无计划的思想就无法作用于我们。恰恰是我们无所事事的时刻，思想的消极方面诸如恐惧、担忧、焦虑、仇恨和嫉妒就开始大行其道。如果我们拥有积极的思想力量，我们就不会为消极、极具破坏性的思想所困。思想消极的人往往都是忧郁和心绪极度沮丧的牺牲品。

建设性思想意味着健康和事业的成功。消极的思想意味着悲惨、疾病和各种各样的痛苦。建设性的思想是人类的保护者，它能使人类免于种种混乱、贫困和疾病。思想消极往往会导致失败。而拥有积极主动、朝气蓬勃的心态，成功的大门就会为你打开。

改变心态改变未来

只要改变了自己的想法，就能改变自己的生活，就有一个美好的未来。曾有位文学家这样说过："大多数人想改造这个世界，但却极少有人想改造自己。"人是社会的一员，是人类社会中的一个要素。人与社会的关系决定于人所处的状态。人的状态不同带来的效果也不同，状态主要表现为生活状态、心理状态和行为状态。

当你调整状态，改变自己时，你与世界的交换必然发生变化，你与世界的关系就变了，你在社会生活中的位置也就变了。同时，世界也必然要做出反应以适应你的改变。世界就这样被改变了。

马科斯原在营销部当部长。一天突然接到人事处的命令，调他到产品供应部。在公司里，供应部的地位，远不如营销部，如此一调，等于贬了职，前途必然大受影响。

从前马科斯从事销售工作，整天往外跑，很合乎他的个性。如今要他整天坐在办公室，跟那些器材报表打交道，实在叫他受不了。开始时，他一直闷闷不乐，心灰意冷。他开始想到一个问题："为什么以前我对自己信心十足，当上了供应部长后，却情况大变呢？"他悟出了一个事实："这是因为我对自己的期待值无形中降低了，我失去了激励自我的动力。"

于是，马科斯开始把全部精力投入到新工作，慢慢地发觉供应部也大有用武之地。而且，对整个公司来说起了很大的作用，只是平时大家把它忽略了而已。马科斯重新找到了工作的意义，一改以往消极拖沓的作风，变得充满了斗志，工作起来如鱼得水，得心应手。他的积极态度，也渐渐影响到了部属，把他们也带动起来。由于出色的工作成绩，两次获得总公司颁发的特别奖金。不久马科斯收到了一张人事调令："调到总公司，晋升营业部经理。"

马科斯事业上的转变是因为他心态的改变。

"适者生存，不适者则被淘汰"，这是社会规律，世上的事物时时刻刻都在发生变化。如果你跟不上社会的步伐，你会被社会抛得越来越远。面对这样的状况，只有改变自己才是出路。

许多时候，担心是多余的，欣然地面对现实，勇敢地接受挑战，就会塑造一个"全新的自己"。

人生是由一连串的改变所形成的，当你的环境、教育、经验、吸收的资讯、想象产生的变化、你由内而外的各个生理与心理的关卡，多多少少都会产生不同程度的变化。

改变就是机会，只要你及时处理，就会有好的机会与开始。而且，唯有良好的自我改变，才是改变事情、改造状况，甚至改变环境的基础。

改变自己就要学会接受新事物，因为每个人都有着无限的潜能等待开发,只可惜,我们往往限制住自己的心态。科技进步的速度快得惊人,相对也引导各方面的成长,如果你仍一味地沿用旧的思想、旧的做法去做人做事,可能会被社会淘汰。所以千万不要当个死硬派,很多不该再坚持的观念,何苦抓住不放呢?接受新思想,摒弃不适当的旧观念,会使你改造自己,成为扩大格局的好起点。

成事在人,你是受你的心态操纵的,因此汰旧换新在心态与自我改造上更为重要,美好的与适当的,才值得我们去选择与坚持。

不要被心灵束缚

她是一个奇丑无比的女人。据说,她刚生下来的时候,连医生都吓得大叫起来。长大后,谁见了她都说她是这个世界上最丑的女人了,连亲戚都避着她,大人小孩没有一个愿意接近她,更不要说去爱她了。

在她的记忆里,只有母亲一个人没有嫌弃过她,可是母亲在她15岁那年就得病死了。她一生唯一能做的事,就是整日躲在母亲自己开辟的那个不大的花园里摆弄那些花草。

直到有一天,人们惊讶地发现,她的花园里开出了很多漂亮的花,比上电视的那些名贵花卉还要漂亮许多,于是,有人要买她的花,可是她不卖,因为她不相信他们真的喜欢那些花。

不久,邻居从报上得知省里要举办花卉大赛,有丰厚奖金,便急着来告诉她,劝说她去参赛,并且断言,一定能够获大奖。

她很固执,不肯参赛,但后来还是有人说动了她。当她带着她的花出现在比赛现场的时候,几乎所有人都惊呆了,那些花太漂亮了!而这个女人的脸上也散发着动人的光彩。女人鼓起勇气微笑着把花赠送给观众,那一刻她觉得自己快乐极了。在人们的盛赞中,她已经忘记了自己丑陋的脸……

我们之所以对很多事情缩手缩脚,大部分是出自人们对事情所采取的态度。对事情感到恐惧的人只要改变他内在的态度，由恐惧改向奋斗，那么很多事情的结尾就会改变，而且这种改变会给你带来令人兴奋鼓舞的益处。面对无法避免的情形时，如果我们以愉悦的心情来面对它，它的刺会脱落，而变为一株美丽的花树。很多时候，我们只是被心灵所束缚，而并不是我们面对的压力有多大。放开你的心灵枷锁，你的恶劣情绪便消失了。就算我们真的面临困境，也不要承认它们有多恶劣，不要管它们的力量有多强大，不要顾虑它们的出现，将你的注意力转移到别处，这样做了以后，它们恶劣的特性就不复存在了。既然它们的益处或坏处是由你的思想决定的，那么这个思想就是你最重要的思想。

有一个孩子，他的老师认为他是"一个愚笨的、昏庸的蠢货"。

这个孩子常在他的石板上画画，他到处观察，倾听每个人说话，他常提出一些"不可能的问题"，但不肯说出他懂得什么，甚至在处罚的威胁下也不肯，孩子们称他为"笨蛋"，他的成绩也确实经常是全班最后一名。

这个孩子就是托马斯·爱迪生。当你阅读爱迪生的传记时，你会受到巨大的鼓舞。爱迪生上小学的全部时间不超过三个月。他的老师和同学都异口同声地说："他太笨了。"

这里，如果爱迪生相信了老师和同学的话，也认为自己没有学习的天赋，认为自己笨得无可救药，那么我们就失去了一位伟大的发明家。幸运的是，爱迪生没有被心灵束缚，而是保持了积极的心态，从而成为一位出类拔萃的人。

因为他的母亲信任他并给予他鼓励。母亲对他的信任使他以一种完全不同的见识看待自己。这使他用积极的心态去学习和研究有益于整个人类的发明物。

每个人都会遇到一些无法回避又难以解决的事情，因此感到沮丧、懊恼，每个人身上都有很多难以修补的遗憾，但不要把自己套在圈子里，你要相信自己并不像别人所说的那么糟糕。放开心灵，你有快乐的权利，只要你愿意，就会得到快乐。

不良心态解决技巧

建立积极心态的5个方法

如果我们的脑海中存有压力或失败的思想，应尽快地把它驱逐掉，因为沉重的压力和失败的想法势必会导致失败。有许多成功人士的故事，都可以印证这个哲理。如果我们能用慎重的态度去思考、分析、研究这些案例，同时让自己的想法如同这些人一样积极，那么你将能克服那些看来势必导致失败的困难。成功人士的成功方法就是调整心态，将压力变为动力，将消极失败的想法变为积极奋进的努力。

人在身体方面的压力，实际多由心理紧张而引起。我们内心被一个问题所困，身体也会被其所困。我们的肌肉会紧张起来，不知不觉会使我们感到压力。所以我们必须控制压力，保持冷静沉着。

人在紧张、繁忙的工作生活环境之外，应该有一个私人的休息场所，可以用来调整精神。这个私人休息场所仿佛一个消极思想的过滤器，把那些没有用的垃圾思想过滤掉，只剩下健康、积极的心理状态。

培养积极的心态，应该做好以下几点：

（1）使用伟大、积极的自我意识，尤其是自我评价。当然，不能一概而论地认为适应环境就是积极的自我意识，而不能适应环境就是消极的自我意识，这还要看一定的社会环境的本质和主流是进步还是落后的。就目前竞争激烈、生活节奏加快的社会现实而言，积极的自我意识就应当积极适应社会环境。

（2）使用伟大、积极、愉快的语句来描述你的感受，当有人问你："你今天觉得怎么样？"你若回答说"我很疲倦"（或"我头疼""但愿今天是周末""我感到不怎么好"），别人就会觉得很糟糕。你要练习做到下面这一点，它很简单，却有无比的威力。当有人问："你好吗？"

或"你今天觉得怎么样",你要回答:"好极了,谢谢你,你呢?"在每一个场合说你很快乐,就会真的感到快乐,而且,这会使你更有魅力,为你赢得更多的朋友。

(3)要使用明朗、快活、有利的字眼来描述别人。当你跟别人谈论第三者时,你要用建设性的词句来称赞他,比如,"他真是一个很好的人"或"他们告诉我也做得很出色"绝对要小心避免说破坏性的话,因为第三者终究会知道你的批评。

(4)要用积极的话去鼓励别人。只要有机会,就去称赞人。每个人都渴望被称赞。所以每天都要特意对你的妻子或丈夫说出一些赞美的话。要注意并称赞跟你一起工作的伙伴。真诚的赞美是成功的工具,要不断使用它。

(5)要用积极的话对别人陈述你的计划,当人们听到类似"这是个好消息,我们遇到了绝佳的机会……"的话时,心中自然就会升起希望。但是当他们听到"不管我们喜不喜欢,我们都得做这工作"时,他们的内心就会产生沉闷、厌烦的感觉,他们的行动反应也跟着受影响。所以,要让人看到成功的希望,才能赢得别人的支持。要建立城堡,不要挖掘坟墓。要看到未来的发展,不要只看现状。

心理医生教给你的 6 个方法

心理的不平衡无疑会带来不良情绪,这种心理是因为感到别人多而自己少的不满。反之,自己多而别人少,或自己好而别人差,则其心理便感到平衡了。显然,根本就是自私心理在作怪。这种由苛求公正而引起的心理压力就如同慢性毒药,使人意志消沉,整日闷闷不乐,并使成功的力量逐渐消耗殆尽,恶性循环也因此建立起来。同时,这种长期压抑的不良情绪会给人体带来持续的伤害。

怎样才能从这种不平衡的心理误区突围出去呢?以下是心理医生给出的 6 个方法:

(1)争取客观地看待每一件事情,多一份平静豁达。

（2）尽量不说："要换了我会这样对待你吗？"或者其他类似的话，而应该说："你我有所不同，只不过我暂时难以接受这一点。"这样你就可以建立而不是断绝与别人的交往。

（3）不要把自己同别人或别的事情来回比较。在制定自己的目标时，不要考虑周围的人在做什么。如果你要做一件事情，就应该全力以赴地做好它，而不必羡慕别人所具备的优越条件。

（4）不要根据自己的行为期待别人给予同等的待遇。例如当你讲出"我如果晚回家总要给你打电话，你为什么不给我打电话"之类的话时，立即改正自己，大声地说："我觉得你要是给我打个电话，就更好了。"

（5）将"太不公平"之类的话改为"真令人遗憾"或"我倒真希望……"。这样，你就不至于对这个世界产生不切实际的期望，并且逐步接受你并不赞赏的现实。

（6）不要再让别人左右你的情绪。这样，在别人未按你的意愿行事时，也就不会陷入愤懑中。

记住，由于苛求公正所造成的心理压力并不是因为他人、事件或环境造成的，而是由于自己的情绪反应所引起的。只有自己的力量才能克服它。

培养成功心态的 20 条经验

你必须培养成功心态，以使你的生命按照自己的意图提供报酬，没有成功心态就无法成就大事。你的心态是你唯一能完全掌握的东西，练习控制你的心态，并且利用成功心态来引导你的行为，坚持下去，你的奋斗就一定能够成功。

下面这些培养成功心态的方法，是成功人士的经验总结：

（1）切断和你过去失败经验的所有关系，消除你脑海中的那些与成功心态背道而驰的所有不良因素。

（2）找出你一生中最希望得到的东西，并着手去得到它，借助他人得到同样好处的方法，去追寻你的目标。

（3）培养每天说一些或做一些使他人感到舒服的话或事，你可以利用电话、明信片，或一些简单的善意动作练习成功心态。例如给他人一本励志的书，就是为他带来一些可以使他的生命充满奇迹的东西。日行一善，渴望永远保持无忧无虑的心情。

（4）打倒一个人的不是挫折，而是一个人面对挫折时所保持的心态。这要求我们训练自己在每一次不如意中都能发现与挫折等值的成功的一面。

（5）务必使自己养成精益求精的习惯，并以你的爱心和热情发挥你的这种习惯，如果能使这种习惯变成一种嗜好，那就是最好不过的了。如果不能，懒散的心态很快就会变成消极心态。

（6）和曾经冒犯过的人联络，并向他致上最诚挚的歉意。这项任务愈困难，就愈能在完成道歉时，摆脱掉内心的消极心态。

（7）改掉坏习惯，连续一个月每天减少一项恶习，并在一周结束时反省一下成果。如果需要顾问或帮助，切勿让你的自尊心使你却步。

（8）放弃想要控制别人的念头，在这个念头摧毁你之前摧毁它，把你的精力转而用来控制你自己。

（9）使自己多多活动以保持自己的健康状态。生理上的疾病很容易造成心理的失调，身体和思想一样保持活力，就可以维持成功的行动。

（10）增加自己的耐性，并以开阔的心胸包容所有事物。同时也应与不同种族和信仰的人多多接触，学习接受他人的本性，而不要一味地要求他人照着你的意思行事。

（11）你应当承认，"爱"是你生理和心理疾病的最佳药物，爱会改变并且调适你体内的化学元素，促使它们有助于你表现成功的心态，扩展你的包容力。接受爱的最好方法就是付出你自己的爱。

（12）参考别的例子提醒自己，任何不利情况都是可以克服的。虽然爱迪生只接受过三个月的正规教育，但他却是最伟大的发明家。虽然海伦·凯勒失去了视觉、听觉和说话能力，但她却鼓舞了数万人。明确目标的力量必然胜过任何限制。

（13）对于善意的批评采取接受的态度，而不能有消极的反应。我们应该接受他人如何看待你，利用这一机会做一番反省，并找出改善的地方。别害怕批评，勇敢地面对它。

（14）避免任何具有负面意义的说话形态，尤其根除吹毛求疵、闲言碎语或中伤他人名誉的行为，这些行为会使你的心态朝着消极的方向发展。

（15）随时随地都表现出真诚的一面，没有人相信骗子的。

（16）相信无穷智慧的存在，它会使你产生为成功而奋斗所需要的所有力量。

（17）信任和你共事的人，并承认如果和你共事的人不值得你信任，就表示选错人了。

（18）以相同或更多的价值回报给过你帮助的人。"报酬增加率"最后还会给你带来成倍的好处，而且可能会为你带来所有你应得到的东西的能力。

（19）把你的全部思想都用来做你想做的事，而不要留半点思维空间给那些胡思乱想的念头。

（20）彻底"盘点"一次你的财产，你会发现最有价值的财产就是健全的思想，有了它，你就可以决定自己的命运。

成功人士的10种心理品质

大多数人没有成功，根本的原因是他缺乏积极的思想。人可以被打败，但不可以被打倒。只要心态积极，具备良好的心理品质，在第一百次被打倒后，就会第一百零一次站起来，并用不屈的毅力和信念赢得未来。

以下是成功人士的10种心理品质：

（1）他们不找借口，不怪别人，不发牢骚，不吐苦水。

（2）他们乐在工作，还能把这份喜悦带给别人。大家不由自主地接近他们，乐于与他们相处或共事。

（3）他们有非常明确的目的、肯定的目标，知道自己要什么，不会轻易被外人的看法动摇。他们意志坚强，对事情有主见。正因为他们决心坚定，最后才有丰收。

（4）他们会把自己的才华、精力、知识运用得淋漓尽致。他们一心努力，是为了做好必须完成的工作，而不是只做他们喜欢做的事，或只交往喜欢的人。他们愿意不计心力，投注全部精神，让周围的人喜欢与自己打交道，与己方便以使自己完成任务。

（5）他们专注于自己的重要目标，不左顾右盼，不拖泥带水。他们做的是举足轻重的事，而且绝不拖到最后关头草草了事。他们不是瞎忙，而是忙得有价值。

（6）他们吸取成功必备的知识，当他们发现自己欠缺必要的资讯、知识或专业技能时，会找有这些本领的人求助。

（7）他们只针对重点思考，参酌相关事实，在适当的深思熟虑后，做出决定。而且绝不拖延，立刻就做！

（8）他们个性乐天开朗，周遭的人皆乐于提供协助与支持，为他们打气。他们永远走在前面。

（9）他们具备成功所需的才华和本领，而且充满自信。

（10）要是犯了错，就勇敢承认，动手改进，继续往下做。不要找理由解释，否则只是浪费时间、精力、金钱和其他的宝贵资源。

第2章

做最好的自己

——好心态助你建立自信

一个人可以通过自我肯定来塑造一个真实的自己。要充分相信自己。你认为自己是怎样的人，就会有怎样的表现。你不妨经常告诫自己："我是最棒的！我是最好的！"当你的脑海中重复想象自己最有自信的时候，你就会发现，自己真的变得很有自信，你的行为也都会配合着你的思想去行动。

自卑让你处处遇挫

小伟是来自西部农村的学生,也是他们村子里唯一一个来北京上学的人。在他准备启程到北京上学前,他的父母都为他能到北京上学而感到自豪,村里人也都非常的羡慕。他自己也庆幸能够有这样的好机会。

刚到北京,小伟很兴奋。但是没过多久,他就感到越来越糟糕了。他在学校过得很辛苦,上课听不懂,说话带土音,许多大家都知道的事自己却一无所知,而他说出来的许多事大家都觉得好笑。他开始后悔自己来北京上学。他不明白为什么自己要来北京受这份罪,同时又怀念在家乡的日子,在那里,没人会瞧不起他。感到无比孤独的小伟,觉得自己是全学校最自卑的人。

自卑的群体真是无所不在。上学的时候,他们和那些穿名牌,戴手表,玩着平板电脑的人走到一起的时候,不由自主地会自惭形秽;上班以后,他们跟那些工作在国企或者外企,拿着高工资、高福利的人聚会时,感到自卑;工作多年后,别人都有车有房,自己还原地踏步时,感到自卑……有趣得是,每当我们听到家里的父母说:"你怎么还不找对象?怎么还不结婚?××家孩子都多大了?"想必他们和××家长站在一块的时候,也会感到自卑。

自卑的理由有上千万条,对心态消极的人来说,一理由就足以让他在众人面前抬不起头来;对心态积极的人而言,再多自卑的理由在他那也不再是理由。

什么是自卑?简而言之,就是觉得自己不如别人,对自己的能力评价偏低。常有抑郁、忧伤、胆怯、失望、害羞、不安和内疚等表现。有的人因为工作成绩差产生自卑,有的人因为自己形象不够好产生自卑,有的人因为自己的家庭条件不好、衣着不如别人产生自卑,有的人甚至连自己脸上的痤疮也成为自卑的原因。自卑是主观的感受,容易产生自卑的人往往好与别人比高低,有很强烈的争强好胜之心,急切地希望一切都超过别人,梦想一鸣惊人,虚荣心较强,容易为一时的成功而骄傲,也为一时的失败而灰心丧气。

人生中遇到一些挫折常常会产生一时的自卑心理。找不到工作会让你每天愁眉苦脸;分手让你感到生不如死,借酒消愁;生意失败让你一蹶不振,只想逃避。只有身处这种境况的人才能真切地体会到切肤之痛,而我们这些善于以人生大道理进行劝解的人(尽管自己常常不能学以致用)往往能够做出正确的判断。

自卑的人,总哀叹事事不如意,老拿自己的弱点比别人的强处,越比越气馁,甚至比到自己无立足之地。有的人在旁人面前就脸红耳赤,说不出话;有的人遇上重要的会面就口吃结巴;有的人认为大家都欺负自己因而厌恶他人。因此,若对自卑感处置不妥,无法解脱,将会使人消沉,甚至走上邪路,坠入犯罪的深渊,或走上自杀的道路。

关键是怎样对待挫折,怎样克服自卑心理。

要学会为自己制定切合实际的目标,要暗示自己,以豁达和宽容的态度对待学习和生活中遇到的不如意的事。生活并不像一条小溪那样,平静地潺潺流动着,生活中会有激动和震荡,有高潮也有低潮。遇到挫折不要心灰意冷,怨天尤人,要振作起来,卧薪尝胆,用勤奋去填平自卑的深沟。

自卑,让你远离成功

有自卑心理的人大都比较敏感,容易接受外界的消极暗示,从而陷入自卑中不能自拔。如果能正确对待自身缺点,把压力变动力,奋发向上,就会取得一定的成绩和成功,从而增强自信、摆脱自卑。

我们每个人都或多或少存在着自卑,但是自卑并不可怕,可怕的是沉浸在自卑当中而丧失了追求成功的勇气。

强者不是天生的,强者也并非没有软弱的时候,强者之所以成为强者,在于他善于战胜自己的软弱。因此,请不要怀疑自己、贬低自己,你只需勇往直前,付诸行动,就一定能走向成功。

在美国,有一个人相貌极丑,街上行人都要回头对他多看一眼。但他从不修饰,到死都不在乎衣着。窄窄的黑裤子,伞套似的上衣,加上高顶窄边的大礼帽,仿佛要故意衬托出他那瘦长条的个子,难看的走路姿势,和晃来荡去的双手。

他是小地方出生的人,尽管后来身居高职,但直到临终,举止仍是老样子,仍然不穿外衣就去开门,不戴手套就去歌剧院,总是讲不得体的笑话,往往在公众场合忽然忧郁起来,不言不语。无论在什么地方——在法院、讲坛、国会、农庄,甚至于他自己家里——他都显得格格不入。

他不但出身贫贱,而且身世蒙羞,他是私生子,他一生都对这些缺点非常敏感。

没人出身比他更低,但也没有人比他升得更高。

他后来任美国大总统,他就是林肯。

一个人有这么多的弱点而不去克服,难道也能得到像林肯那样的成就?

其实,林肯并不是用每一个长处抵每一个短处以求补偿,而是凭伟大的睿智与情操,使自己凌驾于自己的一切短处之上,置身于更高的境界。只在一个方面,就是通过教育,来补偿自己的不足。他用拼命自修的方法来克服早期的障碍。他非常孤陋寡闻,在20岁以前听牧师布道,他们都说地球是扁的。他在烛光、灯光和火光前读书,读得眼珠在眼眶里越陷越深,眼看知识无涯而自己所知有限,总是感觉沮丧。他填写国会议员履历,在教育一项下填的竟然是"有缺点。"

可见,林肯的一生不是沉浸在自卑中,而是对一切他所缺乏方面的全面补偿。他不求名利地位,不求婚姻美满,集中全力以求达到自己心中更高的目标,他渴望把他的独特思想与崇高人格里的一切优点奉献出来，从而造福人类。

具有自卑心理的人，总是过多地看重自己不利和消极的一面，而看不到有利和积极的一面，缺乏客观全面地分析事物的能力和信心。这就要求我们努力提高自己透过现象看本质的能力，客观地分析对自己有利和不利的因素，尤其要看到自己的长处和潜力，而不是妄自嗟叹、妄自菲薄。

他，从一个仅有20多万人口的北方小城考进了北京的一所大学。

他一个学期都不敢和同班的女同学说话。

因为上学的第一天，与他邻桌的女同学问他的第一句话就是："你从哪里来？"而这个问题正是他最忌讳的，因为在他认为，出生于小城，就意味着小家子气，没见过世面，肯定被那些来自大城市的同学瞧不起。所以，第一个学期结束的时候，有很多同班的女同学都不认识他。

很长一段时间，自卑的阴影都占据着他的心灵：最明显的体现就是每次照相，他都要下意识地戴上一个大墨镜，以掩饰自己的内心。

她，也在北京的一所大学里上学。

她不敢穿裙子，不敢上体育课。她疑心同学们会在暗地里嘲笑她，嫌她肥胖的样子太难看。大部分日子，她都在疑心、自卑中度过。

大学时期结束的时候，她差点儿毕不了业，不是因为功课太差，而是因为她不敢参加体育长跑测试！老师说："只要你跑了，不管多慢，都算你及格。"可她就是不跑，她想跟老师解释，她不是在抗拒，而是因为恐慌，恐惧自己肥胖的身体跑起步来一定非常的愚笨，一定会遭到同学们的嘲笑。可是，她连向老师解释的勇气也没有，只是茫然不知所措。她只能傻乎乎地跟着老师走，老师回家做饭去了，她也跟着。最后老师烦了，勉强算她及格。

后来，在播出的某个电视晚会上，她对他说："要是那时候我们是同学，可能是永远不会说话的两个人。你会认为，人家是北京城里的姑娘，怎么会瞧得起我呢？而我则会想，人家长得那么帅，怎么会瞧得上我呢？"

他，现在是中央电视台著名节目主持人，经常对着全国几亿电视观众侃侃而谈。他主持节目给人印象最深的特点，就是从容自信。

他的名字叫白岩松。

她，现在也是中央电视台著名节目主持人，而且是完全依靠才气，丝毫没有凭借外貌走上中央电视台主持人岗位的。

她的名字叫张越。

自卑的形象让他们饱受折磨，而克服自卑后的形象却得到了世人的认可与尊重。这之中的反差是何等巨大。

自卑是一种消极的自我评价或自我意识，即个体认为自己某些方面不如他人所产生的消极情绪。自卑感就是个体对自己的能力、品质评价偏低的一种消极的自我意识。具有自卑感的人总认为自己事事不如人，自惭形秽，丧失信心，进而悲观失望，不思进取。一个人若被自卑感所控制，其精神生活将会受到严重的束缚，聪明才智和创造力也会因此受到影响而无法正常发挥作用。

击败那个消极的"我"

美国从事个性分析的专家罗伯特·菲利浦有一次在办公室接待了一个因企业倒闭而负债累累的流浪者。

罗伯特从头到脚打量眼前的人：茫然的眼神、沮丧的心态、十来天未刮的胡须以及紧张的神态。专家罗伯特想了想，说："虽然我没有办法帮助你，但如果你愿意的话，我可以介绍你去见本大楼的一个人，他可以帮助你赚回你所损失的钱，并且协助你东山再起。"

罗伯特刚说完，他立刻跳了起来，抓住罗伯特的手，说道："看在老天爷的份上，请带我去见这个人。"

罗伯特带他站在一块看来像是挂在门口的窗帘布之前。然后把窗帘布拉开，露出一面高大的镜子，他可以从镜子里看到他的全身。罗伯特指着镜子说:"就是这个人。在这世界上,只有这个人能够使你东山再起,你觉得你失败了,是因为输给了外部环境或者别人了吗?不,你只是输给了自己。"

流浪者朝着镜子走了几步,用手摸摸他长满胡须的脸孔,对着镜子里的人从头到脚打量了几分钟,然后后退几步,低下头,哭泣起来。

几天后,罗伯特在街上碰到了这个人,他不再是一个流浪汉形象,而是西装革履,步伐轻快有力,头抬得高高的,原来那种衰老、不安、紧张的姿态已经消失不见了。

后来,那个人真的东山再起,成为芝加哥的富翁。

就像故事中的主人公一样,人生在世,要战胜消极的自己很不简单,一般人得意时得意忘形,失意时自暴自弃;人家看得起时觉得自己很成功,落魄时觉得没有人比他更倒霉。唯有不受成败得失的左右、不受生死存亡等有形无形的情况所影响,纵然身体受到束缚,却能心灵自由,才算战胜自己。

人的一生,总是在与自然环境、社会环境、家庭环境做着适应及克服的努力,因此有人形容人生如战场,勇者胜而懦者败;从生到死的生命过程中,所遭遇的许多人、事、物,都是战斗的对象。其实,自己的心念,往往不受自己的指挥,那才是最顽强的敌人。

莎士比亚曾说:"假使我们自己将自己比做泥土,那就真要成为别人践踏的东西了。"

其实,别人认为你是哪一种人并不重要,重要的是你是否能够给自己积极的暗示,对自己给予肯定;别人如何打败你,并不是重点,重点是你是否在别人打败你之前,就先输给了自己。很多人失败,通常是输给自己,而不是输给别人。因为自己如果不做自己的敌人,世界上就没有敌人。

自己肯定自己,是一种意志的胜利。

自己征服自己,是一种灵魂深处的提升。

自己控制自己,是一种理智的成功。

自己创造自己，是一种心理境界的升华。

自己超越自己，是一种人生的成熟。

凡是能够用积极的心态肯定自己、征服自己、控制自己、创造自己、超越自己的人，就具备了足够的力量战胜事业和生活中的一切艰难、一切挫折、一切不幸。

美国《运动画刊》上登载了一幅漫画，画面是一名拳击手累瘫在练习场上，标题为"突然间，你发觉最难击败的对手竟是自己"。这个标题实在耐人寻味。

在剑桥有一名学业成绩优秀的毕业生，去报考一家大公司，考试结果名落孙山。这位青年得知这一消息后，深感绝望，顿生轻生之念，幸亏抢救及时，自杀未成。不久传来消息，他的考试成绩名列榜首，是统计考分时，电脑出了差错，他被公司录用了。但很快又传来消息，说他被公司解聘了，理由是一个人连如此小小的打击都承受不起，又怎么能在今后的岗位上建功立业呢？

这个青年虽然在考分上击败了其他对手，可他没有打败自己心理上的敌人，他的心理敌人就是惧怕失败，对自己缺乏信心，遇事自己给自己制造心理上的紧张和压力。

世上没有绝对完美的人，当然也很少有绝对不可救药的人，每一个人的性格中都或多或少地存在着一些矛盾。这些矛盾，在你遇到一件事情，需要你采取行动去应付的时候，就往往会同时出现。而当它们同时出现的时候，也就是你开始彷徨困惑、痛苦不堪的时候。按理说，每一个人都应该知道自己怎样做，才是正确的决定。但是，很少有人能够不经交战而采取正确的行动，甚至交战的结果，仍是消极与黑暗的一面战胜。

战胜自己不是一件容易的事，它需要很大的勇气与坚定的信念。想想看，你战胜自己的次数多吗？还是否时常姑息纵容了自己？

信心不足难成事

美国作家爱默生说过:"自信是成功的第一秘诀。"你自信能够成功,成功的可能性就大为增加;你如果自己心里认定会失败,就永远不会成功。人的自信是建立在成功的基础上的,反复的失败,自信就会慢慢流失,意志变得脆弱。一个生活在社会底层的人,早已没有了俯瞰的眼光和轩昂的气度,很难让他们自己相信自己,自己看得起自己,所以他们往往没有自信、没有目标、难成大事。

在现实生活中,平庸的人一般都缺少自信,往往遇事时总是认为"我不行""这事我干不了"。其实,他没有试一试就给自己判了死刑。而实际上,只要他专注努力,他是能干好这件事的。任何人都有因信心不足而产生自卑的情绪,成功者和失败者的区别就在于:前者能够化解自卑,后者却让自卑消磨掉了自信。

失败的原因固然与能力低下、力量薄弱有关系,但如果信心不足,那么,还没有上场,我们就会败下阵来。只要勇敢地迈出第一步,我们会发现,成功原来如此简单。

明朝末年,有一位画家突然有一天发现自己的表情、神态发生了变化,原本端正慈祥的五官变成了一副"狡诈、凶恶、古怪"的模样,他感到十分自卑,自觉无颜见人。

为了纠正自己越来越丑的面貌,找回以前那份自信,他四处寻找名医,但都不能见效。因为无论是吃药也好,整容也好,都无法改变他那"满脸横肉、凶神恶煞、愁眉苦脸"的五官。

痛苦绝望之中,他到一座深山寺院去观摩壁画,顺便就把自己的苦恼向寺中的长老说了。长老说,我可以治你的"病",但不能白治,你必须先做一点工——画几十幅神态各异的观音像。

画家接受了这个条件。

在众人的眼中,观音是慈祥、善良、圣洁、宽仁、正义的化身,她的面相神情,自然就是人民群众心中这些概念的形象化、典型化。

画家在绘画过程中不断研究、琢磨观音的德行言表，不断模拟她的心态和神情，达到了忘我的程度。甚至，他相信自己就是观音。

半年后，工作完成了，同时，他惊喜地发现自己的相貌已经变得神清气朗、端正庄严，心中的自卑感一下子消失，又重新充满了自信。

他十分高兴，感谢长老治好了自己的"病"。

"不。"长老说，"是你自己治好的。"

在长老的点拨下，画家才悟出了原来"变丑自卑"的病根——过去两年，他一直在描绘夜叉！

正所谓"自信因感觉而生，自卑因感觉而灭"。

我们都明白这样一个道理：自信心的丧失，自卑感的产生，不是其认识上的不同，而是感觉上存在差异。其根源就是人们不喜欢用现实的标准或尺度来衡量自己，而相信或假定自己应该达到某种标准或尺度。如"我应该如此这般""我应该像某人一样"等。这些追求如果脱离实际，只会滋生更多的烦恼和自卑，从而失掉自信，使自己更加抑郁和自责。

不说"办不到"，多说"办得到"

自信是一种感觉，你不可能用背书的方法"学习"自信，只能靠"学习"来提升自信。具体的做法是：用具体的事例反复"训练"你的大脑，经过潜意识的每一次思维，告诉自己你是值得信任的。你应当为自己自豪，你必须成为自己最好的啦啦队。

每天告诉自己一次："我真的很不错！"每一次表现出色时，别忘了告诉自己："我真的很不错！"每晚入睡前，不妨想一想今天发生了什么值得自豪的事情：得到了好成绩吗？帮助了别人吗？有什么事情超出了自己的期望值吗？有谁夸奖了自己吗？每个人每天都可以找到一件或几件成功的事情，像这样坚持下去，慢慢地你就会发现，这些"小成功"会变得越来越有意义。

除了在心里夸奖自己以外,也要尝试让自己的言语充满自信,因为你讲的每一个字都会在不知不觉中影响着你的潜意识。如果一个人的每句话都带着消极、失望的情绪,那么肯定会越来越自卑。改变说话的习惯可以帮助你获取足够的自信。因此,在每天的交谈之中,我们务必要区分应该说的句子和不该说的句子。

不该说的句子:"我就是这样""我也没办法""我一直是这样""我办不到""我不得不这样""我动不动就感到累""我厌烦一切""我很幼稚""我总是担心"等。

应该说的句子:"我以前曾经是这样""只要努力一下""我就可以改变自己""我一定要做出改变""我办得到""我希望这样做""我曾经身体总感到累""现在我加强了锻炼""我会培养自己各方面的兴趣"看来"我经验太少,不过我会学习""没什么可担心的"等。

"我不行"意味着消极和放弃。要把这消极的处世哲学转换成积极、主动的态度,因为每个积极的人都可以为自己带来足够的自信。

碰到困难时,每个人都应用这样一句话来激励自己:"我与那些成功者有同样的条件,他们能行,我也能行!"

有个年轻人在一天晚上失眠了,因为他债台高筑,早已过了偿还期限,按目前的经济状况,他无力还债。辗转反侧了许久,年轻人忽然问自己:"许多人能轻松自如地还债,我却总是认为自己不能。这到底是为什么?"年轻人开始剖析自己,他把自己和境遇好的人做了比较,结果发现,无论处于什么样的境况,他所欠缺的,别人也同样欠缺,而别人所拥有的,他也同样可以拥有,只是个时间的问题。而以前,他唯独缺少的,就是"办得到"的魄力!第二天,年轻人一改往日懒洋洋的样子,全身心地投入到工作和生活当中。一年后,他有了可观的收入。

当我们为环境所限制和干扰,而不能追求自己的理想时,我们不能灰心,也无权抱怨,要像那位年轻人,从自己的身上查找原因。我们需要尽量取得经验,然后耐心地生活、耐心地等待。

将来的一切都无法事先预料。唯一可以掌握的是眼前所见到的，手中所拥有的。当你能读书时，你读书就是；当你能做事时，你做事就是；当你能恋爱时，你再去恋爱；当你能结婚时，你再去结婚。环境不许可时，强求不来；时机来临时，不能放弃。这便是每一个人应有的生活哲学了。

对自己说：我能行

不要轻易否定自己的能力，为自己的心灵设限。很多时候，阻碍我们进步的主要障碍，不是我们能力的高低，而是我们想法的好坏。

在漫漫人生征途中，免不了要经历风霜雨雪，走过崎岖不平的小路，或遇到不测的天灾人祸。在这种时刻，你首先必须战胜自己，自信这一切都难不倒你，对横亘在你面前的所有障碍，你都能轻轻地拂去，如同掸掉一网蛛丝一般。你总是朝着既定的远大目标，头也不回地向前进，这样你便具备了成功的心理素质。别人看到你总是信心百倍，不屈不挠，也将无形中受到你的感染，增加对你的信任度，放心地与你合作或让你去干。

记住这句话：永远保持良好的自我感觉，永远不要对自己说"不能"。

成功者与失败者只有一个重要差别，那就是毅力。了解了这一点，你就不应该自卑，不应该跪下来仰视那些成功者，他们也失败过，沮丧过，自卑过。但我们和他们一样，一生下来就赋予同等的机遇、同等的成功权利。因此，具有积极的心理是我们应有的能力，必须具备的能力。碰到困难时，每个人都应用这样一句话来激励自己："我与那些成功者有同样的条件，他们能行，我也能行！"

不良心态解决技巧

自卑者的 7 个特征

奥地利著名的心理学分析家 A.阿德勒认为：许多的行为都是出自"自卑感"以及对于"自卑感"的超越。在对自卑感的超越中，人往往能获得难以预料的力量，也就是说，善于利用自卑，也可以获得积极情绪。

从环境角度来看，个人对自己的评价往往与外部环境对他的态度和评价紧密相关。这点早已为心理学理论所证实。例如某人的书法不错，但如果所有他能接触到的书法家和书法鉴赏家都对他的作品给予否定性评价，那就极有可能导致他对自己书法能力的怀疑，从而产生自卑。可见，环境对人自卑的产生有着不可忽视的影响。某些低能甚至有生理、心理缺陷的人，在积极的鼓励、扶持、宽容的气氛中，也能建立起自信，发挥出最大的潜能。因此自卑情绪一旦被发现，必须尽早克服和纠正，使它转为一种积极健康的心理状态，帮助自己在工作和生活中发挥潜能。一般有自卑情绪的人会有以下特征：

（1）胆怯怕羞。人们时常略有怕羞纯属正常，但是过度胆怯、怕羞，如不愿抛头露面、不敢接触生人，则可能内心深处隐藏强烈的自卑情结。

（2）独来独往。一般来说，正常人都喜欢与同龄人交往，并十分看重友谊。但具自卑心理的人对交结朋友兴趣索然，往往喜欢独来独往。

（3）猜疑心重。自卑者对家人、朋友、伙伴、同事所提出的对自己的评论十分敏感，特别是对朋友和同事的批评，更是感到难以接受，有时甚至无中生有地怀疑别人讨厌自己，且表现出愤愤不平。

（4）有自虐倾向。占相当比例的自卑者往往会表现为自暴自弃，更有甚者，还可能表现出自虐行为，如故意在大街上乱窜、深夜独自外出、生病拒绝求医服药等,似乎刻意让自己处在险境或困境之中。

(5)逃避竞争。虽然有的人十分自卑,渴望在诸如考试、体育比赛或文娱竞赛中出人头地,可又无一例外地对自己的能力缺乏必要的自信心,因此,他们大都尽量回避参与任何竞赛。

(6)表达困难。据统计,八成以上有自卑心理的人语言表达能力较差。有的表现为口吃,表述不连贯,表达时缺乏情感,或词汇贫乏等。专家们认为,这是因为强烈的自卑感阻碍了大脑中负责语言学习系统的正常工作的原因。

(7)承受能力差。自卑者大多不能像正常人那样能承受挫折、疾病等消极因素所带来的压力,即使遇到小小失败或小小疾病,便"痛不欲生",有的甚至对诸如搬迁、父母患病等意外都会感到难以适从。

自卑并非一无是处,有时候我们正因为心中的自卑才强烈地渴望进步,追求完美,也更有不断上进的力量,自卑使我们弥补自己的不足,从而使性格受到磨砺。每个人的内心深处都有一种灵性,这种灵性成为我们建功立业的力量,它维持我们的个性,即人的尊严与人格,人们为了维护尊严和人格,就要求克服自卑,战胜自我。我们都发现现在所处的地位是不尽如人意的,如果我们一直保持着勇气,便能通过直接、实际的方法改进身边所处的环境,使我们摆脱这种感觉。没有人能长期地忍受自卑感。人类正是通过思维而采取某种活动,来解除自己的紧张状态。

一旦发现自己的自卑对自己已构成了不利影响,最好冷静下来,好好分析一下,自己的自卑是属于哪一种,如果是由于自我认识不足而导致的,或是由于意外挫折而导致的,那么,应该提醒自己,这样的自卑,是完全可以消除的。而如果是从小就产生的,那么,就不要刻意去消除,而是要合理地利用它,使它从不好变为好,使它成为自己成功道路上的助动力,而不是绊脚石。

就如一个从小在农村长大的孩子,后来到大城市里上学,同学们嘲笑他的穿着、他的口音,嘲笑他满脸的土气和怯懦,而他却把深深的自卑埋在心里，发奋地读书，当他如愿以偿地获得了硕士文凭，他居然可以一改往日地拘谨，和那些嘲笑过他的同学谈笑风生了。他的自卑并没有消除，他又考上了博士、博士后，后来又留学国外，成为了著名公司的高层。他的自卑从未消失，但正是因为他有效利用了他的自卑，才可以一步步稳扎稳打地迈向成功之路。现在他仍然无法摆脱自卑，但他为自己所取得的成绩感到自豪。

把自卑情绪控制得好，你也可以成为一个敢于进取、有主动创造精神的人；成为一个有积极的人生态度，活得开朗，开心的人；一个勇于承担责任，有责任心的人。而任何一个在事业上有所作为的人，都是有责任心的人；才会在平时积极思考，才会产生事业的突破，才会产生奇迹，才会积极跨越各种障碍，成为一个不怕困难的人。尽管有时自卑这种情绪从未在你心底消失，你仍可以获得美好人生。

战胜自卑的6个方法

自卑感常会给我们的生活带来负面影响，如自卑的人容易心情低沉，郁郁寡欢，常因害怕别人瞧不起自己而不愿与别人来往，只想与人疏远，因而缺少朋友，甚至自责、自罪；他们做事缺乏信心，没有自信，优柔寡断，毫无竞争意识，享受不到成功的喜悦和欢乐，因而感到疲惫、心灰意懒。可见，自卑的心理会促使一个人在人生道路上走下坡路，它是加速人们衰老的催化剂。因此，我们应该摒弃自卑心理，客观地分析自我，认识自我，热爱自我。

这里有6个战胜自卑的方法：

1. 全面了解自己

将自己的兴趣、嗜好、能力和特长全部列出来，哪怕是很细微的方面也不要忽略，然后再和其他同龄人做一个比较。通过全面、辩证地看待自身情况和外部世界，认识到凡人都不可能十全十美，人的价值主要体现在通过自己的努力，达到力所能及的目标。对自己的失败持客观理智态度，既不自欺欺人，又不看得过于严重，而是以积极态度应对现实。

2. 转移注意力

一个人既不可能十全十美也不可能一无是处。不要老把注意力放在自己的缺点和失败上,而应将注意力和精力转移到自己最感兴趣,也最擅长的事情上去,从中获得的乐趣与成就感将强化你的自信,驱散你自卑的阴影,缓解你的心理压力和紧张。

3. 对自己的自卑进行心理分析

这种方法可在心理医生的帮助下进行。具体做法就是通过自己的联想和对早期经历的事情的回忆,分析找出导致自卑心理的原因,让自己明白自卑情结是因为某些早期经历而形成的,自卑感是建立在虚幻的基础上的,与自己的现实情况无关,因而是没有必要的。这样可以从根本上瓦解自卑情结。

4. 用行动证明自己的能力与价值

看一个人有没有价值,我们常通过他所做的事情来判断,能做成多大的事情,就有多大的价值。因此,你可先选择一件自己较有把握也较有意义的事情去做,做成之后,再去寻找一个目标。这样,你可以不断收获成功的喜悦,又在成功的喜悦中不断走向更高的目标。每一次成功都将强化你的自信心,弱化你的自卑感,一连串的成功则会使你的自信心趋于巩固。当你切切实实感觉到自己能干成一些事情时,你还有什么理由怀疑自己的能力呢?

5. 从另一个方面弥补自己的弱点

每一个人都有着多方面的才能,一个人这方面有缺陷,但可从另一方面谋求发展。一个身材矮小或过于肥胖的人,可能当不成模特和仪仗队员,可是这世界上对身材没有苛刻要求的工作多的是。一个人只要有了积极心态,能对自己扬长避短,就会将自己的某种缺点转化为自强不息的推动力量。因为它会促使你更加专心地关注自己选择的发展方向,往往能促成你获得超出常人的发展,最终成为卓越人士。这方面的著名事例数不胜数,如身材矮小的拿破仑;身短耳聋的贝多芬;

下肢瘫痪的罗斯福；少年坎坷艰辛的巨商松下幸之助、霍英东、王永庆、曾宪梓，这些人要么有自身缺陷，要么有家庭缺陷，但他们都成了卓越人士，都从某个方面改变了世界。

6. 推翻内向的自我形象

每个人都应该是自己的主宰，做自己人生的导航员。没有谁比你自己更能决定你的命运。因此，你个性内向与否，那不是上帝的安排，而是你自己的安排，是你自己的决定。当你认定自己性格内向时，你便赋予了自己内向封闭的自我形象。而一旦这一形象标签进入你的潜意识，它又反过来约束你的行为。对自己的社交缺乏信心的人，不妨将自己从记事以来所认识的朋友都罗列出来，你会惊讶于自己竟有这么广泛的交际。特别是要多想想你的那些好朋友，既然你能与那么多人建立起良好的人际关系，深厚的友谊，也就足以证明你并非性格内向，不善交际了。

5招喊出你的信心

据国外的一项最新研究称：在遇到困难时，通过大喊大叫的方式，可以增强自信心，乃至激发出我们的潜能。

著名的网球运动员莎拉波娃5岁的时候在莫斯科参加一场表演赛事，当时比赛期间主办方安排了一个类似"和明星打球"的儿童网球活动。在一大群孩子中，当时只有5岁的莎拉波娃一下子就吸引了教练的眼球。几年后，当教练观看了莎拉波娃的一场比赛后，她明白，这个小姑娘所拥有的并不只有过人的天赋。为什么？因为莎拉波娃从拿下第一分开始就旁若无人地大喊"Come on!"给自己加油。

当在大满贯赛场上驰骋的时候，莎拉波娃的嘶喊经常会遇到对手的抗议，对此，莎拉波娃表示也很无奈，她说："当我事后在电视里听到自己的叫喊，我也不喜欢这样，但我控制不住自己，从4岁起我就会大喊大叫，这个习惯没办法改变。"

这种喊叫和她的潜能已经牢牢地联系在一起了。不止在网球场上，还有日本剑道比武，选手们总是运气暴喝以壮其势；跆拳道比赛，运动员们口中喝声连连等。

事实上，这种喊叫很有作用。首先，它能"叫醒"大脑，刺激机体迅速进入兴奋状态；其次，它能凝神壮胆，有助于人们集中注意力、增加自信心。

生活中同样如此，部队训练要喊口号，集会时要喊口号，美国总统选举时要选口号。

不论你从事什么工作，最重要的就是要建立信心。有了信心，才能使其潜能发挥出来。经常赞美自己，为自己喝彩，无形之中给了自己良好的心理暗示，你的潜能也会被激发出来，让你取得成功。

1. 每天称赞自己一次

每天一定要称赞自己一次。比如说"今天的演讲我说得真好！""今天我做得真棒！"等。

因此，即使再小的事情也无所谓，每天对自己的行动或言谈称赞一次，以资勉励吧！

2. "喊"出你的潜能

有时，你在电视上看到，一些举重运动员在比赛时，会突然大喊一声"起！"乒乓球运动员在扣球时大喊："杀！"这都是在通过"大声喊叫"引爆自己的潜能。反复大喊将使你不知不觉中恢复信心，进而激起干劲。这也是一种心理暗示。"大声喊出来"的效果，也可以用在朗读记忆上，增加你的记忆能力。

3. 配合有力的动作来说话

成功的秘诀，无非在拥有信心。而信心与成功又可谓一体两面、相互牵动。成功带给你信心，信心也使你成功。

建立信心的方法之一，除在说话时刻意使用正面、肯定的言词之外，在此，我想向各位建议一点的则是，再加上一些"动作"，效果会更好。

有些人在说话时总会掺杂一些手势或动作，或许，在某些人看来都是多余的。可是，当你看到他们的手势时，难道不觉得他们实在精力充沛吗？而面对一个精力充沛的人，你该不会认为他是个没有能力的人吧。

不能否认的是，大作手势讲话的人，多少会给人一种积极进取的感觉。

4. 紧握拳头为自己呐喊助威

再瞧瞧那些在台上发表政见的候选人，他们紧握着拳头嘶声呐喊，以及刻意走到台下与听众用力握手的情景，不正是给予人一种热血沸腾的激发力吗？

握手的主要用意在于传达友谊，但也可从握手的力量上来表现个人本身的意志力。基于对这层道理的认识，每个候选人无不使劲地握手。

当然，紧握拳头和用力握手并不表示一定会当选，但重点是，他们传达了一种"积极"的印象，这在人际关系上是非常重要的。

当你是个受人欢迎的人时，相对的，你也觉得自己提升了能力，不是吗？

5. 给自己一些成就感

当你把该做的事情完成时，你的心里都会有股"成就感"，并感到欣喜、安慰。而这种"顺利完成"的自信和"终于进展到如此地步"的满足感，便是推动一个人再向前迈进一步的强心剂，是激发你潜能的好办法。

为了提高工作、学习的欲望，增加干劲，你可以随时清查自己的进度。比如，为了准备升学考试，可以拟定一份非常详细的读书预定表。把每一天要读的英语、中文、数学等进度全写在预定表上。然后，每读完了一个部分就用红笔把该进度划掉。而在每划掉完成的进度时，你的内心就会感到充实，同时也激发了你继续努力的潜能。"

重建自信的6个方法

在心理学中，自卑属于性格上的一个缺点。自卑，即一个人对自己的能力、品质等做出偏低的评价，总觉得自己不如人，悲观失望，丧失信心等。在社交中，具有自卑心理的人孤立、离群，抑制自信心和荣誉感。当受到周围人们的轻视、嘲笑或侮辱时，这种自卑心理会大大加强，甚至以畸形的形式，如嫉妒、暴怒、自欺欺人的方式表现出来。自卑是一种低劣的心理，是一种消极的心理状态，是阻挠成功的巨大心理障碍。自卑的人往往都是失败的俘虏，被轻视的对象，严重的自卑心理能导致一个人颓废落伍、心灵扭曲。

征服畏惧，战胜自卑，不能夸夸其谈，止于幻想，而必须付诸实践，见于行动。建立自信最快、最有效的方法，就是去做自己害怕的事，直到获得成功。

1. 挑前面的位子坐

在各种形式的聚会中，在各种类型的课堂上，后面的座位总是先被人坐满，大部分占据后排座位的人，都希望自己不会"太显眼"。而他们怕受人注目的原因就是缺乏信心。

坐在前面能建立信心。因为敢为人先，敢在人前，敢于将自己置于众目睽睽之下，就必须有足够的勇气和胆量。久而久之，这种行为就成了习惯，自卑也就在潜移默化中变为自信。另外，坐在显眼的位置，就会放大自己在领导及老师视野中的比例，增强反复出现的频率，起到强化自己的作用。把这当作一个规则试试看，从现在开始就尽量往前坐。虽然坐在前面会比较显眼，但要记住，有关成功的一切都是显眼的。

2. 正视别人

眼睛是心灵的窗口，一个人的眼神可以折射出性格，透露出信息，传递出微妙的情感。不敢正视别人，意味着自卑、胆怯、恐惧；躲避别人的眼神，则折射出阴暗、不坦荡的心态。正视别人等于告诉对方："我是诚实的，光明正大的；我非常尊重、喜欢你。"因此，正视别人，是积极心态的反映，是自信的象征，更是个人魅力的展示。

3. 改变行走的姿势与速度

许多心理学家认为：人们行走的姿势、步伐与其心理状态有一定关系。懒散的姿势、缓慢的步伐是情绪低落的表现，是对自己、对工作以及对别人不愉快感受的反映。倘若仔细观察就会发现，身体的动作是心灵活动的结果。那些受打击、被排斥的人，走路都拖拖拉拉，缺乏自信。反过来，改变行走的姿势与速度，有助于心境的调整。要表现出超凡的信心，走起路来应比一般人快。将走路速度加快，就仿佛告诉整个世界："我要到一个重要的地方，去做很重要的事情。"步伐轻快敏捷，身姿昂首挺胸，会给人带来明朗的心境，会使自卑逃遁，自信陡生。

4. 练习当众发言

面对大庭广众讲话，需要巨大的勇气和胆量，这是培养和锻炼自信的重要途径。在我们周围，有很多思路敏锐、天资颇高的人，却无法发挥他们的长处参与讨论。其实不是他们不想参与，而是缺乏信心。

在公众场合，沉默寡言的人都认为："我的意见可能没有价值，如果说出来，别人可能会觉得很愚蠢，我最好什么也别说，而且，其他人可能都比我懂得多，我并不想让他们知道我是这么无知。"这些人常常会对自己许下渺茫的诺言："等下一次再发言。"可是他们很清楚自己是无法实现这个诺言的。每次的沉默寡言，都是"缺乏自信"这一毒素的又一次发作，都会使他们愈来愈丧失自信。

从积极的角度来看，如果尽量发言，就会增加信心。不论是参加什么性质的会议，每次都要主动发言。有许多原本木讷或者口吃的人，都是通过练习当众讲话而变得自信起来的。

5. 恰到好处地用力握手

握手的方式也能向别人透露不少自身的秘密。比如，许多人为了掩饰自己的缺点，握手的时候故意过分用力和显出傲慢的态度，其实是虚张声势。挤压式的握手方法，则是为了补偿其信心的缺乏。这种人的一举一动过分极端，以致无法让人相信他是一个真正有信心的人。安稳而不过分用力地把对方的手适度握紧，则是表示："我是生气勃勃、稳扎稳打的。"这才是代表着自信的握手方式。

6. 放大自己最得意的照片

热爱自己是获得幸福生活的先决条件,而讨厌自己则会感到生活非常痛苦。热爱自己的方式多种多样,充分利用自己的照片就是其中之一。

你的影集里一定收藏了很多照片。你可以从中找到许多不同的自我。当你看到最不喜欢的表情时,可能会被一种低沉的情绪和随之而来的寂寞感所控制。这时,你就该另辟蹊径,去把你最中意的照片找出来并认真注视它,然后你可能立刻又会产生一种慰藉感,而且越看越兴高采烈。这时也许你会情不自禁地自言自语道:"你看这小伙子多帅,肯定是个有用之才。"

每天都去欣赏你最喜欢的照片,你就会得到一些极有益的启示。把你最得意的照片挑选出来,把它们放大后装入金边相框里,然后挂在屋中最显眼的地方。每当你看到它时,你的心中就会条件反射出一个明快、健康的自我,就会觉得信心百倍、干劲冲天,敢于向一切困难挑战。

与其注意电影明星的广告,不如认真地创造并欣赏自我。

第3章

生气不如争气

——好心态助你调节情绪

　　能否理智地驾驭自己的情感，也是一个人是否走向心智成熟的重要标志。感情用事者不仅会远离成功，还会因为自己的不成熟给别人带去伤害、给自己招来祸端。西楚霸王项羽不采纳亚父范增的建议，感情用事地放走刘邦，终难成大事，虞姬玉陨，霸王自刎。这样的例子不胜枚举。不把自己的意志强加于人，不因自己的悲喜而改变生活的原则，以宽容的态度对待别人的言行，以成熟的心智判断生活中的是是非非，这是一种高尚的人格修养，也是一种百炼成钢的大智慧。

坏情绪能毁掉你

研究寿命的专家指出：一切不利的影响因素中，最能使人短命夭亡的，莫过于不良的情绪和恶劣的心境，如忧虑、颓丧、惧怕、贪求、怯懦、忌妒和憎恨等。

密歇根大学的一项调查表明，日常生活中，人们有3/10的时间会爱发牢骚、易怒、暴躁，却不知道原因何在。

你肯定有过这样的感受，只要遇到一件倒霉的事情，那么一系列倒霉的事情就会接踵而至，你一整天都陷入坏情绪之中。这绝不是你一个人有过的感受，让我们来看看小毛一天的遭遇吧。

小毛早晨上班赶上了下雨，刚打好油的皮鞋沾满了水，裤腿也湿漉漉的还带上了泥巴。小毛在公交车站等车，却半天不来一辆，他有些着急，一看表更慌了，如果迟到刷不上卡，那这一天等于没上班。小毛决定打车走，又逢雨天打车的人太多，好不容易来一辆空车，立刻有人抢先而上。小毛几次也没打上，正好公交车过来了，赶紧上吧。还好，有座，一屁股坐下去，感觉屁股冰凉，抬起屁股一看：原来座位上有水！可能是刚才的乘客把伞放在座位上的原因。小毛憋了一肚子火：我的毛料西裤算完了！这鬼天气！

小毛总算及时到了办公室，一脚迈进办公室，小马就告诉他高管考核方案没通过，退回修改。那可是小毛熬几天几夜的成果啊！要修改，说得多轻松，可改起来多么费劲啊！小毛心里又委屈又生气，放在一边，一天也懒得弄。

终于下班了。还是细雨蒙蒙，小毛也没什么精神，游荡着往外走。突然想起忘了给女朋友打电话，约好下午打电话商量晚上吃饭地点的，你看这记性，就今天这些倒霉事给搞的。赶紧打吧，不然女朋友该发脾气了。电话通了，没人接，过了半天才接，那边传来怒吼声："我们约的几点，你脑子进水了？我不去了，你自己吃吧！"啪，电话挂断了。小毛这一肚子气，憋得他甚至想在大街上吼几声。

就这样小毛的一天都处在坏情绪之中。心理学家研究表明：当一个人处于坏情绪之中时，下丘脑就会分泌出一种叫"去甲肾上腺素"的物质，这种物质会让你的情绪越来越糟糕；当一个人遇到高兴事情的时候，下丘脑就会分泌出一种叫"多巴胺"的物质，这种物质会让你的心情越来越兴奋。因此，心理学家建议：当刚刚有坏情绪苗头的时候，你就应该立刻把它扼杀掉，千万不能任其肆意发展，否则你的情绪会越来越糟糕。不但这样，还有更严重的后果。如果你经常有这种坏情绪，还会对身体健康造成不良影响。

情绪化，误人又误事

面对各种机会、诱惑、困境、烦恼的时候，要想把握自己，就必须控制自己的思想，必须对思想中产生的各种情绪保持警觉性，并且视其对心态的影响是好是坏而接受或拒绝。乐观会增强你的信心和弹性，而仇恨会使你失去宽容和正义感。如果你无法控制自己的情绪，将会因为不时的情绪冲动而受害。

情绪是人对事物的一种最浅、最直观、最不用动脑筋的情感反应。它往往只从维护情感主体的自尊和利益出发，不对事物做复杂、深远的考虑，这样的结果，常使自己处在很不利的位置上或被他人所利用。本来，情感离智谋就已距离很远了，情绪更是情感最表面、最浮躁的部分，以情绪做事，焉有理智？不理智，能够成功吗？显然是不可能的。

但是我们在工作、生活中，却常常依从情绪的摆布，头脑一发热，什么蠢事都愿意做，什么蠢事都做得出来。比如，因一句没什么利害的谈话，我们便可能与人打斗，甚至拼命（诗人莱蒙托夫、诗人普希金都是与人决斗死亡，便是此类情绪所为）；又如，我们因别人给我们的一点假仁假义,而心肠顿软,大犯根本性的错误(西楚霸王项羽在鸿门宴上耳软、心软,以致放走死敌刘邦,最终痛失天下,便是这种妇人心肠的情绪所为)还有很多因情绪的浮躁、简单、不理智等而犯的过错,大则失国失天下,小则误人误己误事。事后冷静下来,自己也会感到其实可以不必那样。这都是因为情绪的躁动和亢奋,蒙蔽了人的心智。

这些情绪实际上就是个人心态的反映,而这种心态有时将你作为完全掌控的对象。要想把握自己,你必须控制你的思想,必须对思想中产生的各种情绪抱有警觉性,并且视其对心态的影响是好是坏而接受或拒绝。乐观会增强你的信心和弹性,而仇恨会使你失去宽容和正义感。如果你无法控制自己的情绪,你的一生将会因为不时的情绪冲动而受害。

楚汉之争时,项羽将刘邦父亲五花大绑陈于阵前,并扬言要将刘公剁成肉泥,煮成肉羹而食。项羽意在以亲情刺激刘邦,让刘邦在父情、天伦压力下,自缚投降。刘邦很智慧,没有为情所蒙蔽,他的大感情战胜了儿女私情,他的理智战胜了一时心绪,他反以项羽曾和自己结为兄弟之由,认定己父就是项父,如果项某愿杀其父,剁成肉羹,他愿分享一杯。刘邦的超然心境和不凡举动,是项羽所想不到的,以至无策回应,只能潦草收回此招。

三国时,诸葛亮和司马懿祁山交战,诸葛亮千里劳师欲速战以决雌雄。司马懿更能,他以逸待劳,坚壁不出,欲空耗诸葛亮士气,然后伺机求胜。诸葛亮面对司马懿的闭门不战,无计可施,最后想出一招,送一套女装给司马懿,羞辱他如果不战小女子是也。古代以男人为尊,尤其是军旅之中。如果是常人,都会接受不了此种羞辱。司马懿另当别论,他落落大方地接受了女儿装,情绪并无影响,而且心态甚好,还是坚壁不出。老谋深算的诸葛亮对他无计可施了。

情绪误人误事,不胜枚举。一般心性敏感、头脑简单的人,爱受情绪支配,头脑容易发热。问一问自己,你爱头脑发热吗?你爱情绪冲动吗?检查一下你自己曾经因此做过哪些错事,犯傻的事,以警示自己。

记住，情绪成就一切。

如果你正在努力控制情绪的话，可准备一张图表，写下你每天体验并且控制情绪的次数，这种方法可使你了解情绪发作的频繁性和它的力量。一旦你发现刺激情绪的因素时，便可采取行动除掉这些因素，或把它们找出来充分利用。

将你追求成功的欲望，转变成一股强烈的执着意念，并且着手实现你的明确目标，这是使你学会情绪控制能力的两个基本要件，这两个基本要件之间，具有相辅相成的关系，而其中一个要件获得进展时，另一个要件也会有所进展。

坏情绪会相互传染

在心理学上，有一个踢猫效应，说的是：一个父亲在公司受到了老板的批评，回到家就把沙发上跳来跳去的孩子臭骂了一顿。孩子心里窝火，狠狠地去踢身边打滚的猫。猫逃到街上时，正好一辆卡车开过来，司机赶紧避让，却把路边的孩子撞伤了。这个心理学效应描绘的是一种典型的坏情绪的传染。人的不满情绪和糟糕的心情，一般会随着社会关系链条依次传递，由地位高的传向地位低的，由强者传向弱者，无处发泄的最弱小的便成了最终的牺牲品。其实，这是一种心理疾病的传染。

如果把这个效应中的父亲、孩子、猫、司机都看成是一个人的不同状态，那么，我们就可以很明显地看出，坏情绪就是这样不断传染、累积，而且程度越来越深。一些人之所以最后被坏情绪侵袭，就是因为他们将上一次的坏情绪一直传染给下一次的自己，让自己的心态一直处于失衡状态，整个人也被坏情绪包围着。就像掉进醋缸里的萝卜，总在里面泡着，不酸都难。

薇薇安是某大型企业的一位中层领导。到月底发工资时，薇薇安发现自己的工资中少了几百元钱，便到人力资源部去讨说法。"上班表情不佳，影响到部门员工工作情绪的每次扣××元，这是公司的新规定"。人力资源部的回答让薇薇安有些哭笑不得。

薇薇安想起，上个月，中层以上部门经理的会议中，总经理曾这样说过：曾经有一份调查显示，职场中领导眉头紧锁，会对员工造成很大的心理压力，导致工作效率直线下降。正所谓"老板不笑，员工烦恼"，所以，公司内部中层领导以上的员工，工作中一律要保持良好的表情，让整个办公环境保持一种愉快气氛。

这个规定薇薇安以为领导只是说说，也没放在心上。她平时就不爱笑，又喜欢发脾气。她在讨说法时，人力资源部亮出了证据。"7月23日，部门会议前，因为薇薇安经理的面部表情僵硬，七八名员工等在办公室门外，不敢进入，每个人的心情都非常不好。"这段话来自于部门员工的举报。这样的举报，7月份薇薇安共遭遇了12次，应罚款数目为××元。

薇薇安没想到自己不爱笑的特点竟让同事们这样为难，竟带来了如此不好的情绪传递。

因为不爱笑，传递了不良情绪而被经济处罚，听起来也许很新鲜，其实它表明：第一，企业已经开始重视心理对工作效率的影响，确信情绪也是一种生产力。第二，自己的情绪并不光是自己的事，它会形成一个小气候影响着他人，也会受他人情绪的影响。

1930年是美国经济最萧条的一年。

当时美国国内80%的旅馆倒闭了，希尔顿旅馆欠了很多债务。

作为老板的希尔顿把员工召集在一起说："为了将来能有云开日出的一天，我请各位万万不可把愁云挂在脸上，给顾客的应该是永远的微笑。"

就用这种"微笑的精神"，在旅馆业希尔顿笑到了最后。

当美国经济复苏后，希尔顿旅馆率先红火起来，这时希尔顿又对他的员工说："只有一流的设备而没有一流的微笑，正好比花园里没有阳光。我宁愿住虽有残旧的地毯却处处有微笑的旅馆,不愿住进只有一流设备而见不到微笑的地方。"

如今,希尔顿集团的资产已经发展到数十亿美元,名声显赫于全球旅馆业,困难时期的微笑,成了产业发展的动力和物质财富。

美国心理学家加利·斯梅尔的长期研究发现:原来心情舒畅、开朗的人,若同一个整天愁眉苦脸、抑郁难解的人相处,不久也会变得情绪沮丧起来,一个人的敏感性和同情心越强,越容易感染上坏情绪,这种传染过程是在不知不觉中完成的。

如果一个情绪并不低落的学生,和另一个情绪低落的学生同住一间宿舍,这个学生的情绪往往也会低落起来。

在家庭中,某人如情绪低落,他们的配偶最容易出现情绪问题。

美国另一位心理学教授的研究证明,只要20分钟,一个人就可以受到他人低落情绪的传染。在社会交往中,个人情绪对其他人情绪有着非常大的传染作用,如果你喜欢和同情某个人,你就特别容易受到那个人的情绪影响。

对于控制不住自己而在家庭、职场中经常发泄不良情绪,制造情绪污染的人,应该如何对这种危害人际关系的"病毒"进行诊治呢?

最重要的是要让自己学会快乐,变消极情绪的污染源为积极情绪的传播源。有人说了,现实中就是有那么多不如意的事,你让我怎么高兴起来?

曾有家夫妻心理医生开办的心理咨询所,天天门庭若市,预约号常常排到了几个月之后。他们受人欢迎的原因很简单,他们夫妇的主要工作就是让每一位上门的咨询者经常操练一门功课:寻找微笑的理由。

比如,在电梯门将要合拢时,有人按住按钮为了让你赶到;

收到一封远方朋友的来信;

有人称赞你的新发型;

雨夜回家时发现门外那盏坏了很久的路灯今天亮了;

清洁工在离你几步远的地方停下扫帚,而没有让你奔跑着躲避灰尘。

生活中的任何细节，都可以作为微笑的理由，因为这是生活送给你的礼物。那些按这对心理医生夫妇要求去做的人发现，几乎每天都能轻而易举地找到十几个微笑的理由。时间长了，夫妻间的感情裂痕开始弥合；与上司或同事的紧张关系趋向缓和；日子过得不如意的人也会憧憬起明天新的太阳。总之，他们付出的好心情，都有了意想不到的收获。

记住，情绪是会传染的，多为快乐找理由，别为消极找借口。

做自己情绪的主人

许多人都懂得要做情绪的主人这个道理，但遇到具体问题就总是知难而退："控制情绪实在是太难了。"言下之意就是："我是无法控制情绪。"别小看这些自我否定的话，这是一种严重的不良暗示，它真的可以毁灭你的意志，使你丧失战胜自我的决心。还有的人习惯于抱怨生活："没有人比我更倒霉了，生活对我太不公平。"抱怨声中他得到了片刻的安慰和解脱。"这个问题怪生活而不怪我。"结果却因小失大，让自己无形中忽略了主宰生活的职责。所以要改变一下对身处逆境的态度，用开放性的语气对自己坚定地说："我一定能走出情绪的低谷，现在就让我来试一试！"这样你的自主性就会被启动，沿着它走下去就是一番崭新的天地，你会成为自己情绪的主人。

输入自我控制的意识是开始驾驭自己的关键一步。曾经有个初中生，不会控制自己的情绪，常常和同学争吵，老师批评他没有涵养，他还不服气，甚至和老师争执，老师没有动怒而是拿出相关书籍逐字逐句解释给他听，并列举了身边大量的例子，他嘴上没说却早已心悦诚服。从此他有了自我控制的意识，经常提醒自己，主动调整情绪，自觉注意自己的言行。就在这种潜移默化中他拥有了健康而成熟的情绪状态。

其实调整控制情绪并没有你想象的那么难，只要掌握一些正确的方法，就可以很好地驾驭自己。在众多调整情绪的方法中，你可以先学一下"情绪转移法",即暂时避开不良刺激,把注意力、精力和兴趣投入到另一项活动中去,以减轻不良情绪对自己的冲击。一个高考落榜的女孩,看到同学接到录取通知书时深感失落,但她没有让自己沉浸在这种不良情绪中,而是幽默地告别好友:"我要去避难了。"然后出门旅游去了。风景如画的大自然深深地吸引了她,辽阔的海洋荡去了她心中的积郁,情绪平稳了,心胸开阔了,她又以良好的心态走进生活,面对现实。

可以转移情绪的活动很多,你最好根据自己的兴趣爱好以及外界事物对你的吸引力来选择,如各种文体活动、与亲朋好友倾谈、阅读书籍、练习琴棋书画等。总之将情绪转移到这些事情上来,尽量避免不良情绪的强烈撞击,减少心理创伤,会有利于情绪的及时稳定。

情绪的转移关键是要主动及时。不要让自己在消极情绪中沉溺太久,立刻行动起来,你会发现自己完全可以战胜情绪,也唯有你可以担此重任。

情绪越好,心态越积极

心情好情绪自然就好,情绪好的人会懂得笑对一切。

用微笑面对你所遇到的严重困境,用豁达的心态面对你所遭遇到的一切打击,那么,所有的困境和打击都会在你的微笑面前低头。

有个穷苦的妇人,带着一个约 4 岁的男孩在转圈子。走到一家照相馆附近,孩子拉着妈妈的手说:"妈妈,让我照一张相吧。"

妈妈弯下腰,把孩子额前的头发拢在一旁,很慈祥地说:"不要照了,你的衣服太旧了。"

孩子沉默了片刻,抬起头来,高兴地说:"可是,妈妈,我仍会面带微笑的。"

试问一下,如果你像那个小男孩一样贫穷、衣衫褴褛,甚至一无所有，你会像他一样从容、坦然、开怀地微笑吗？没有任何一样东西能比一个灿烂开怀的微笑更能打动人们的心。

无论你身处何方，无论你身兼何职，也无论你此刻陷入了多么严重的困境或遭到了多么大的挫折和打击，你都要用微笑去面对一切。那么，一切的不幸和困惑都会屈服在你的微笑之下。微笑是人类最简单、最易懂的语言，它能消除人与人之间的隔阂，可以化解人与人之间的坚冰。你的一个微笑也可以抚慰自己的心灵，让你的生活充满阳光雨露。

既然我们知道挫折、困境，甚至不幸的遭遇是人生道路上不可避免的，那我们为什么不能坦然乐观地去面对这一切，让我们的灵魂始终微笑呢？自强不息是我们生命中蕴含着的不可阻挡的力量。这种力量会使我们人生中所有的苦难如轻烟一般随风飘散，然后彻底地消失。

记住：尽量消除或减少消极和悲观情绪。每天，都努力在你生活的周围去寻找让你开心和快乐的事情。

只有在绝境中仍然抓住快乐的人，才能真正领悟到快乐的真谛。

生活中的种种困境和不幸对你造成的挫败感是否像乌云挡住太阳一样遮住了你的视线，让你看不到光明？如果你试着换个角度去看待这个世界，你会惊奇地发现，世界一片光明，大自然充满了生机和活力，生活是多姿多彩的。活着就要享受生活中的一切快乐和痛苦，不要钻牛角尖和自己过不去。

人活在这个世界上会遇到各种各样的事情，或喜或忧，或成功或失败，我们无从选择。我们可以做的只有调整好自己的情绪，遇到任何事情都往好的方面考虑。托尔斯泰在他的散文名篇《我的忏悔》中讲了这样一个故事：

一个男人被一只老虎追赶而掉下悬崖，庆幸的是在跌落过程中他抓住了一棵生长在悬崖边的小灌木。此时，他发现，头顶上那只老虎正虎视眈眈，低头一看，悬崖底下还有一只老虎，更糟糕的是，两只老鼠正忙着啃咬悬着他生命的小灌木的根须。绝望中，他突然发现附近生长着一簇野草莓，伸手可及。于是，他拽下草莓，塞进嘴里，自语道：

"多甜啊!"

生命的旅途中,病痛、绝望、灾难、不幸都会不约而同地向我们逼近,让我们陷入无奈的困境。不知你是否会像上面这个故事所讲的那样,在危急时刻,还能享受一下野草莓甜甜的滋味?

如果我们在逆境中可以保持理智和清醒,我们就可以因此而更加全面地认识自己的优点和不足。

日常生活中我们常面临工作不得志,情场失意,家人朋友之间的误会等。其实,生活中与人相处的种种情况,就如同冬去春来,冷暖交替的变化。等到一切都烟消云散时,我们才发现,当时的行为举动实在是幼稚、荒唐。但等到下一次类似的事情发生时,我们又一次重复地抱怨、不满,从未想过汲取以前的经验和教训。就这样我们在困惑和清醒之间游移徘徊,从原点开始,然后又回到原点,自身得不到半点的突破和成长。

生活中的逆境就如同大街上的红绿灯一样,偶尔限制你的前进,让你停下来做个短暂的休息,顺便看看自己是否走错了方向,这不是一种障碍,而是为了让你更好地完成你的旅途。

人生重要的不是拥有什么,而是经历了什么,任何坎坷的经历都是一种宝贵的人生财富。

英国哲学家培根说过:"超越自然的奇迹多是在对逆境的征服中出现的。"关键的问题是应该如何面对厄运与不幸。

最高的境界是在逆境中学会微笑。

要在逆境中学会微笑却相当不易……挫折、成功、失败,有几个人能看透?又有几个人能够做到从容?

做自己的情绪调节师

一名初探歌坛的歌手,他满怀信心地把自制的录音带寄给某位知名制作人。然后,他就日夜守候在电话机旁等候回音。

第一天,他因为满怀期望,所以情绪极好,逢人就大谈抱负。第十七天,他因为情况不明,所以情绪起伏,胡乱骂人。第三十七天,他因为前程未卜,所以情绪低落,闷不吭声。第五十七天,他因为期望落空,所以情绪坏透,拿起电话就骂人。没想到电话正是那位名制作打来的。他为此而毁了前程。

我们在为这名歌手深深惋惜的同时,也更深刻地明白了不良情绪带给人的危害。美国得克萨斯州立大学的史密斯教授,曾经针对受测者情绪的变化及其个人生理心理状态做了一个实验。

他在实验报告中指出:一般人情绪大多在处于焦虑、愤怒、恐惧情况下,会有一种来自脑下腺的激素——肾上腺皮质刺激素,分泌出来刺激肾上腺,因而影响受测者的生理状态。在这种情况下,受测者极易产生心跳加速、口干、胃部胀痛等生理现象。这种情形如果持续进行,就容易引起心脏病、高血压或胃溃疡等后遗症。

天有不测风云,人有旦夕祸福。日常生活中我们难免会遇到一些挫折、困苦等不愉快的事,而一味地生气、焦虑、怨恨,不但不会使事情好转,反而严重地伤害我们的身心健康。

人不会永远都有好情绪,任何人遇到灾难,情绪都会受到一定影响。这时,你一定要操纵好情绪的转换器。面对无法改变的不幸或无能为力的事,就抬起头来,对天大喊:"这没有什么了不起,它不可能打败我。"或者耸耸肩,默默地告诉自己:"忘掉它吧,这一切都会过去!"

被称为世界剧坛女王的拉莎·贝纳尔,突遇风暴,不幸在甲板上滚落,足部受了重伤。当她被推进手术室,面临锯腿的厄运时,突然念起自己所演过的一段台词。记者们以为她是为了缓和一下自己的紧张情绪,可她说:"不是的,是为了给医生和护士们打气。你瞧,他们不是太正经了吗?"

拉莎·贝纳尔在面对无法抗拒的灾难时,没有恨天怨地,没有抱怨命运不公,相反,她勇敢地跳出悲伤、焦虑,重新燃起生活的激情。

一句"他们不是太正经了吗",她心中的情绪转换器即调整到了最佳状态!后来,拉莎手术圆满成功后,她虽然不能再演戏了,但她还能讲演,她的充满生命热情的讲演,使她的戏迷再次为她鼓掌。情绪是可以调适的,只要你操纵好情绪的转换器,随时提醒自己,鼓励自己,你就能让自己常常有好情绪。那么,当坏情绪突然来临时,如何调适,操纵好情绪的转换器呢?下面的方法可供你参考:散散步,把不满的情绪发泄在散步上,尽量使心境平和,在平和的心境下,情绪就会慢慢缓和。

最好的办法是用繁忙的工作去补充,去转换,也可以通过参加有兴趣的活动去补充,去转换。如果这时有新的思想,新的意识突发出来,那就是最佳的补充和最佳的转换。

坏情绪会来,也会去。没什么了不起,没什么好恐慌。轻松地面对它,接纳它。它会感谢你的盛情,不再打扰你。

不良心态解决技巧

是什么在影响你的情绪

人的任何心理、感觉、感情的激动或骚动都会引起情绪的波动，也就是人的心理促生情绪，那么，决定情绪发生和变化的因素到底有哪些呢？

1. 关键因素——认知评价

认知评价受一个人的知识经验、思想方法、信念和价值观等的影响。认知评价是决定情绪发生的关键因素。比如，不能辩证认知评价的人，在受到挫折时往往只看到失败一面，而产生悲观情绪；能够辩证认知评价的人，在遇到挫折时，会以"失败是成功之母"激励自己，而不致产生消极情绪。

关于认知评价对情绪发生的重要性，一位心理学家曾做过一个著名的实验。他把实验对象分成两组，都给他们注射肾上腺素。肾上腺素能使人体出现血压升高、心跳加快、呼吸加快、脸面变红等症状，对正常人不利。然后让这两组人同时依次经过令人非常高兴和令人非常愤怒的两个特别环境。但告知其中一组刚才注射的是维生素，告知另外一组真实情况。结果发现，经过上述特殊环境时，被告知真实情况的一组人情绪更稳定。

为什么会这样呢？这位心理学家分析说，被告知打了维生素的人在认知上无准备，易受环境影响而表现出较强的高兴或愤怒的情绪；而被告知打了肾上腺素的人有所准备，会有意识控制自己，不要让自己太高兴或太愤怒，所以情绪状态比前者稳定。

2. 主要因素——事物与人的需要的关系

事物本身并不直接决定一个人的情绪，而必须通过人的需要等主观中介，所以情绪可以说是人与事物之间的某种关系的反映。事物与需要的关系既决定了情绪的积极或消极，又决定了情绪的种类及程度。

例如，你在商场看上了一条项链，想买下来，可价格太高，使你不能如愿而产生失望、沮丧甚至愤怒的消极情绪。可这不能怪项链，要怪只能怪你对它的需要，你若不想买它怎么会烦恼呢？如果价格比你的支付能力高一点或者你不是很需要，你的消极情绪可能会轻一些，因为努力一点就可以买到或者不要也无所谓；如果高出许多而你又喜欢得不得了，你的消极情绪就会重一些，因为如愿的可能性很小。

3. 重要因素——事物与人的预期的关系

所谓预期，是指一个人根据自己的经验、习惯对客观事物做出的估量。人的预期是不断变化的，可能被人充分意识到而表现为有意识的估量，也可能未被充分意识到而表现为潜意识的估量。

一般地，客观事物超出人的预期越大，它满足个体需要与否所引起的情绪也越强烈；反之，则越微弱。也就是说，事物与人的预期之间的关系决定着情绪发生的强度。

另外，这种关系会决定情绪的种类，尤其是惊奇一类的情绪。可能会从新鲜感、新奇感，到惊讶、惊愕，直至震惊、惊厥等一系列不同强度的惊奇情绪。

坏情绪会造成哪些危害

人的一生当中难免会遇到各种各样的矛盾和问题，如诸多的压力、人际关系过敏、考试晋升失败、家庭矛盾、婚姻受挫、经济拮据、失去亲人等，都会产生不良的情绪，如焦虑、抑郁、紧张、恐惧、愤怒、嫉妒、脾气暴躁等坏情绪。那么长期的坏情绪对人的健康会产生哪些危害呢？

（1）长期的情绪恶劣，如果不能及时进行自我调节，"抑郁寡欢""闷闷不乐"会妨碍个体的正常心理功能，如注意力、记忆、思考、抉择的能力，同时导致社会功能的下降，如上学、上班、家务、社交能力削弱，如果进一步恶化，严重的抑郁情绪得不到有效的干预，容易酿成自杀的悲剧。

（2）情绪的压抑、暴躁、恐惧、焦虑状态还会使某些人产生某种生理疾病，如高血压、糖尿病、冠心病、消化性溃疡、过敏性结肠炎、癌症等。对已患了某种疾病的人会进一步加剧生理功能紊乱，降低对疾病的抵抗力，加速原有疾病的进一步恶化。

（3）持续性坏情绪往往使某些人寻求一些错误的应对方式，如大量长期酗酒，久而久之造成酒精依赖或酒精中毒，导致人格改变，智力下降，产生某些精神症状，甚至产生自杀、冲动、伤人、毁物或违法行为。还有人为了摆脱烦恼，长期自行应用一些镇静药物或毒品，产生心理依赖或成瘾综合征。

（4）不良情绪不但影响本人的生活质量，还会感染周围人的好心情，导致人际关系紧张或恶化，家庭矛盾或婚姻破裂；对正在成长的孩子，如果长期处在坏情绪环境当中，这种氛围将潜移默化地影响孩子的健康情绪发展，甚至导致其不良行为或人格障碍。

（5）不良情绪的持续发展，还会诱导某些精神障碍，如精神分裂症、情感障碍、痴呆、强迫症、恐惧症、疑病症等，在生活工作中也易发生事故。

因此，对于坏情绪应极早消除，以防发生上述问题，那么有了坏情绪应当怎样自我调节呢？

（1）合理宣泄不良情绪，通过体育锻炼、写日记、听音乐、旅游、找朋友聊天来加以宣泄，也可以在无人的地方大声喊叫或大哭一场来解除自己的压抑情绪。

（2）转移注意力，当遇到困难、挫折时，通过转移注意力的方法来切断不良情绪的发展，发挥自己的优势和兴趣爱好，把不良情绪转移到现实的行为中去，以弱化坏情绪的提升，切记不要把心中的烦恼和怨气发泄到他人身上，或采取一些不良的嗜好进行错误的应对。

（3）升华，把不良情绪升华到现实的学习、工作、生活中去，在情绪不佳时，应理智地面对人生，冷静地对待每一件事情，把着眼点放在自己的事业上，创建新生活和工作。全心投入到学习工作之中，以增加自信和动力，淡化其坏情绪。

（4）提升幽默感，"笑一笑十年少，愁一愁白了头"，幽默可以解除心病，对坏心情起到调节作用，并可以控制不良情绪的发生。

大家切记"快乐的情绪，健康的行为"是人类身心健康的基石。

处理不良情绪的方法

心理学大师告诉我们：管理情绪，首先要从处理不当情绪开始，主要包括化解愤怒、缓和性急、消除紧张、革除悲观、排遣厌倦五个方面。

1. 如何化解愤怒

（1）是它们引发了我们的不良情绪：挫折、太累、被批评、伤到我们自尊，而愤怒令我们失去理智、引发冲突、做出错误决定。处理（冲突）愤怒的基本原则就是 stop → think → do。你不妨使用纸笔，写下以下的问题：我现在碰到什么难题？我正在或正想做什么？这样做有益吗？我真正想要做的是什么？我该怎么做？

（2）不良情绪导泄法：我们的行为一定要对事不对人；说出自己的感受，而不是批评对方；注意时机的适当性；与对方交流要把握恰当的语言及肢体语言。另外要注重向适当可靠的人倾诉。

（3）搁置法：告诉自己，改天再谈；暂时放下它；把不良情绪关在门外。

2. 如何缓和性急

性急就是压力的表现，也是情绪不稳定的表征。性急的人容易使自己的健康受损，也会失去定力，失去理智。在生活中稍不如意都可以让他们心乱如麻，以致不屑与人交谈，或者对一般的生活觉得难耐，或者对未完成的事局促不安；还有些人争强好胜，却输不起，易被激怒。

消除性急的方法：给自己多一点时间，或割舍行程表中的部分项目；对自己低语"别急"，安抚心里毛躁的"孩子"；哼一首曲子；稍作休息。这些都有利于你让自己的心平静下来。

3. 如何消除紧张

我们的紧张来自忙碌、竞争。紧张时身体会出现异常反应：肌肉绷紧，手心发汗，血液化学平衡失调。因此要注意你的整体身心作用：你的行动、思想、感受、身体反应在交互作用影响，会使紧张扩及你的身心和情绪表现。

当你紧张时，你可以通过净化法——静坐，运动法——松弛技术来改善自己的不良情绪。

4. 如何革除悲观

事实上我们的悲观是由于不当的思考习惯所造成。碰到挫折，能区别思考的人，表现乐观；不能区别思考的人则表现悲观。

面对挫折时，乐观者认为那是暂时的、特定的、外在的原因；而悲观者则认为那是永久的、一般的、内在的原因。面对顺境时，乐观者与悲观者的思考模式与前正好相反。乐观者如有隔舱的船，悲观者如没有隔舱的船，悲观者容易在受挫时不停地进水而沉没。

要时时在心里提醒自己，要乐观一点看问题，凡事都有它积极的一面。找到事物中对你有益或者有所启发的东西。

5. 如何排遣厌倦

长期承受压力使我们产生厌倦。你可以改变自己的环境，改变自己的观念，保持一个好心情。

空虚也会使我们产生厌倦。你应该拟定新目标或新的蓝图，或从事物中看出新的意义，跟积极的朋友交往，保持温暖的人际关系。

最有力量的 10 种情绪

情绪和励志大师安东尼·罗宾指出人生中最有力量的 10 种好情绪，是我们必需的。

1. 爱与温情

任何负面的情绪在与爱接触后，就如冰雪遇上了阳光，很容易被消融。如果现在有个人跟你发脾气，你只要始终对他施以爱心及温情，最终他将会改变之前的情绪。

福克斯说得好，只要你有足够的爱心，你就可以成为全世界最有影响力的人。

2. 感恩

一切情绪之中最有威力的便是爱心，但它以不同的面貌呈现出来。感恩也是一种爱，因而安东尼·罗宾喜欢通过思想或行动，生动表达出自己的感恩之情，同时也好好珍惜上天赐给他的、人们给予他的、人生经历的一切。如果我们时常心存感恩，人生就会过得再快乐不过。因此，请好好经营你那值得经营的人生，让它充满芬芳。

3. 好奇心

如果你真心希望你的人生能不断成长，那么就得有像孩童般的好奇心。孩童是最懂得欣赏"神奇"的了，因为那些神奇，能占据孩童的心灵。如果你不希望人生过得那么乏味，那就给生活中多带些好奇心；如果你有好奇心，那么便会发现生活中处处都有奥妙之处，你就能更好地发挥潜能。这是个环环相扣的道理，你有必要好好去研究。因此，如果好好发挥你的好奇心，那么人生便是永无止境的学习过程，其中全是发现"神奇"的喜悦。

4. 振奋与热情

如果做任何事情都带着振奋与热情，它就会变得多彩多姿，因为它们能把困难化为机会。热情具有伟大的力量，鼓动我们以更快的节奏迈向人生的目标。19世纪英国著名首相狄斯累利曾说过这样的话："一个人要想成为伟人，唯一的途径便是做任何事都得抱着热情。"我们要如何才会有热情呢？就如同如何才会有爱、有温情、有感恩和好奇心一样，只要我们决定想热情！你可以运用表情：讲话要有力、看事情要远、以无比的决心去追求期望的目标。可千万别想浑浑噩噩过日子，那不仅生活过得会很乏味，人生也必然贫瘠。

5. 毅力

上面所说的都很有价值，然而你若是想在这个世界留下值得让人怀念的事迹，那就非得有毅力不可。毅力能够决定我们在面对困难、失败、诱惑时的态度，看看我们是倒下去了还是屹立不动。如果你想减轻体重，如果你想重振事业，如果你想把任何事都做到底，单单靠着"一时的热劲"是不成的，你一定得具备毅力方能成事，那是你产生行动的动力的源头。具备毅力的人，他的行动必然前后一致，不达目标绝不罢休。

安东尼·罗宾认为：只要你有毅力，就能够做成任何大事；反之，缺了毅力，你就注定失败和失望。一个人之所以敢于冒险去做任何事情，凭的就是他的勇气，而勇气则源于毅力。一个人做事的态度是勇往直前还是半途而废，就看他是否时常练习他的毅力的"情绪肌肉"。埋着头硬干不表示就是有毅力，必得能察看出实际情况的变化，并不失时机地改变自己的做法，直到实现目标。

6. 弹性

要保证一件事能够成功，保持弹性的做事方法绝不可少。在每个人的人生中，都必然会遇到诸多无法控制的事情，然而只要你的想法和行动能保持弹性，终能渡过难关，获得成功。芦苇就是能弯下身，所以才能在狂风肆虐下生存，而榆树就是想一直挺着腰杆，结果被狂风吹折。

7. 信心

不轻易动摇的信心是我们每个人所向往的，如果你想一直都有信心，那么你一定要从心里建立起"有信心"的信念。你得从此刻便开始学习想象并感受那份信心，相信自己有资格取得。

当你有信心，就要敢于去尝试、敢于去冒险。要想建立信心有个办法，那就是不断练习去使用它。如果有人问你是否有信心把鞋带系好？相信你会以十足的信心回答说没问题，为什么你敢说得那么肯定？只因为你已经做过这件事情成千上万次了。同样的道理，如果你能不断从各方面练习自己的信心，迟早有一天你会发现，不知何时信心已在那里。

要想使自己能做各样的事情，你一定得去训练你的信心，千万不要害怕。很可惜的是，有许多人就因为害怕而不敢去做，甚至于还没做就已经退缩了。许多成大事、立大业的人，他们成功的根本原因就在于所拥有的信心。想想看，在他们之前可能还没任何可以借鉴的例子呢！也就是信心，推动着人类不断向前。

8. 快乐

要在脸上表现出快乐的样子，并不是说要你不去理会所面对的困难，而是要学会如何保持快乐的心情，那样就有可能改变你生活中的许多事情。只要你能脸上常带笑容，就能把快乐传染给身边的每一个人，让大家更加充满信心，即使面对困难，也能勇往直前。

9. 服务

某天午夜时分，安东尼·罗宾驾车在高速公路上飞驰，心中想着：我要怎样做才能改变人生？突然有个意念闪过脑际，罗宾如大梦初醒，兴奋得难以自持，随即把车开下交通道并停在路边，在笔记上写下了这句话："生活的秘诀就在于给予。"

作为这个社会的一分子，如果我们所说的话或所做的事，不仅能丰富自己的人生，同时还可以帮助别人，那种心情是再令人兴奋不过了。常常我们会被那些为了追求人生最高价值之人的故事所感动，他们无条件地去关心人们，带给人们极大的帮助。每天我们都应该好好省思，到底能为别人做些什么事，而不是只想到自己的好处。

一个能够不断地独善其身并兼善天下的人，必然是因他明白人生的意义。拥有服务精神的人生是无价的，如果人人都效法，这个世界定然会更美好。

10. 活力

这是很重要的一种情绪，如果你不能好好照顾自己的身体，那就很难享受到拥有它的快乐。你要经常注意自己是否拥有活力，因为一切情绪都来自于你的身体，如果你觉得有些情绪溢出常轨，那就赶紧检查一下身体吧。你的呼吸怎样？当我们觉得压力很大时，呼吸就会很不顺畅，这样就慢慢把活力耗竭掉了。如果你希望有个健康的身体，那就得好好学习正确的呼吸方法。

另外一个保持活力的方法,就是要维持身体足够的精力。怎样才能做到这一点呢?我们都知道每天的身体活动都会消耗掉我们的精力,因而我们需要适度休息,以补充失去的精力。你一天睡几个小时呢?如果你一般都得睡上 8~10 个小时的话,很可能有些多了点,根据研究调查,大部分的人一天睡 6~7 小时就足够了。

当你的心充满一些具有活力的情绪,那么通过对他人的服务,可以让大家一同来分享富足。

消解怒气的 8 个方法

在工作和生活中,人与人之间难免会为了某件事情发生矛盾和争吵,产生怨气和怒气。经常情绪焦虑的人伤人又伤己,不仅影响人际关系,也影响身心健康。

下面是一些化解怒气的小办法。

1. 意念控制法

在发火时,心中念念有词:别生气,别跟他一般见识,有什么天大的事要发这么大的火呢?这会收到一定的效果。

2. 回避矛盾法

如果与同事刚发生了激烈的争吵,大家都在气头上,容易引起进一步的争吵,最好暂时回避他,这样可以做到眼不见,心不烦,怒气自消。

3. 转移思想法

生气时,如果始终想着生气的事情,会越想越生气,越想越难过。相反,如果通过其他途径有意识地转移自己的思想,做一些自己喜欢的事情,比如:逗孩子玩,去商场购物,就可以转移大脑的兴奋点,让怒气在不知不觉中消失。

4. 主动释放法

把心中的不快找你的好朋友或亲人诉说一番,亲朋好友的理解和关心让你如沐春风,化解了心中的不良情绪,而你的不良情绪也不会传染给他人。

5. 文字排遣法

一时找不到可靠的人诉说,可以把发怒的地点、原因和经过详详细细地写下来,描绘那个惹你生气的人的百般丑态,你会发现他并不如你想象中的那么可恶,甚至还有一些可爱之处,从而消解了怒气。

6. 自我超脱法

自己提出的工作方案,可能会遭到半数以上的人的反对,包括上司和同事。也许是对你期望值太高,也许是认为你工作能力差,这都是正常的现象,不必忧虑和生气。

7. 积极沟通法

当争吵双方都心平气和的时候,利用午休时间聊聊天,谈谈各自的爱好,或许你会发现你们之间并没有什么重大的"阶级"仇恨。另外,大家都是为了工作,不要把工作中的矛盾延续到生活之中。

8. 提高修养法

平时多做一些提高修养的事,种种花草、养养鱼、学学书法、练练画、为人会变得谦和有礼,不容易暴躁和动怒。

获得好情绪的4个方法

成功人士从不忘记进行现实的自我修养,也就是思想实践,即思想的锻炼,树立新的思想感情、废弃贮存在潜意识的记忆体中的陈旧物。我们的精神负担时不时也应清扫一下,以保持它的健康和轻松。那样才能持续拥有良好的情绪。

1. 直接发泄

人们每有所失如友情、爱情和自尊心等就觉得伤心。你觉得伤心时,应设法找出失掉的是什么?这种丧失对你有什么影响?所丧失的曾经满足你哪些需要?失掉了今后能在哪里取得补偿?你觉得伤心,而且知道是谁令你伤心,应该怎么办?如果可能,就去找那个人当面直说他伤害了你,怎样伤害了你和为什么你有这种感觉。不论你是否喜欢,你的情绪一定要以某种方式发泄出来。倘若不向引起你情绪恶劣的人发泄，这些恶劣情绪就会随时随地发作，结果造成发作的地点与时间都不对。最好是在情绪开始恶劣时就向引起你这种情绪的那个人说明。

2. 转移情绪

你可曾有过这样的经验：整整一天你都不太开心，但突然有朋友对你说："我们出去逛逛吧？"你的心情立即豁然开朗起来。改变思考方向，心情也会轻松起来。

现在就把自己的思考方向改变一下。你精神紧张是因为有项庞大工作必须在星期五完成，而你打算在星期六和朋友一起去买东西。那么就把自己的心情焦点由"星期五的工作"转为"星期六的寻乐"，这样你的兴奋点就转移了，身上似乎充满了干劲。

你应该学习这种方法，把各种不良的情绪转化为积极解决难题的态度。要是你开会时总怕自己会说错话，那么就在开会之前整理思路或打篇草稿，专心听别人讲话，从他的语言中提取对自己有利的信息，也可以抽空想一些能分散你紧张情绪的事情。

3. 鼓起勇气

只要消极的想法一出现，你就应该用一句"停止"的口令，把它打消。当然，叫停很容易办得到，但实际上做起来可并不那么简单。你必须坚毅果敢，才能奏效。

林晓二十多岁，在一家大公司担任行政主管，工作勤奋。由于小时候母亲过世，林晓由父亲抚养成人。尽管父子俩相处得很融洽，但父亲对他事事呵护备至，给林晓填了满脑子的忧患意识。以至于林晓现在凡事都要忧虑一番。

他很倾慕同部门的一位女同事，想和她约会。但他的疑虑使他踌躇不前："跟同事约会是不大好的"，或"要是她不答应，那多难为情"。

后来林晓遏止了内心的忧虑，鼓起勇气向她提出约会，她说："林晓，为什么你等那么久才来约我？"

不言而喻，他成功了。

4. 先搁一边

不知道你是否曾经有这样的体验：每天晚上，你躺在床上总是睡不着，思潮起伏："我对孩子是不是太严苛？""客户打来的电话我回了没有？"

最后，你实在忍受不住了，干脆不去想令人心烦的事，而是回想和孩子在动物园一起度过的快乐时刻。你记得他对着猩猩大笑的样子，不久你的脑海里全是些美丽回忆，你很快进入了梦乡。

生活竞争中的真正成功者们，具有现实的自我情绪控制力，他们客观地寻求生活中的意义，珍惜每一分钟，把每一分钟看作是自己的最后时刻，从而经常地去寻求更为美好的东西，不会把一点宝贵的时间浪费在对付各种不良情绪上。他们具有赢得别人爱戴和尊重的品质，关键在于他们总是善于把自己塑造得坚强不屈，富有韧性。这就是他们具有良好的情绪控制力的结果。成功并不意味胜利了就把对手踩在脚下，而是战胜自己的消极，用积极的行动向前迈步，让自己拥有自信、进取的人生。

第4章
方法总比问题多
——好心态助你正确思考

  办法是想出来的,只有想办法,才会有办法。成功是属于会思考的人的,而不会垂青思想的懒惰者。很多人遇到困难总是一筹莫展,苦无良策,是因为他忽视了自身大脑潜能的开发,让大脑沉睡,让思维停滞。而聪明的人在面对问题时,总能开动脑筋,让思维活跃起来,从而想出一个又一个新奇的点子将问题处理得完美而巧妙。

  思路决定出路。没有解决不了的问题,只有暂时没想出来的思路。人本没有聪明和呆笨之分,只是善于思考和不善于思考而已。即使聪明的人也并非天生就有极高的智商,只要我们积极地去开发潜能,就会有无限的创造力。

想法决定我们的生活

人的一生总会遇到这样或者那样的困难，这时，我们应该学会乐观地思考和面对，凡事往好处想。想法决定我们的生活，有什么样的想法，就有什么样的生活，就有什么样的未来。

有一天，两位怀疑自己患了肺结核病的患者同时来到了一家大医院。经过医生的检查化验，其中一个真正患有肺结核病，而另一个只是由于感冒引起的呼吸道感染。可是由于这位医生的一时疏忽，写错了他们的化验单。令医生没有想到的是，这两张小小的化验单却导致了两种不同的结果。那个真正患有肺结核病的人，拿到化验单后认为自己身上没有肺结核病，心情一天比一天好，积极生活，身体的免疫功能不断增强，两年后，身上的肺结核病不治而愈。而那个没有患肺结核病的人，拿到化验单后总是认为自己患有肺结核病，过度担忧而导致免疫力下降，两年后真的感染上了肺结核病。可见，想法改变我们的生活。

人的想法是随时随地都可以转化的，有时可以转好，有时可以转坏。如果你想好事时，心情就能够立即变好；如果你想坏事时，心情就会马上变坏。

一个少妇去投河自尽，被正在河中划船的老艄公救上船。

艄公问："看你年纪轻轻，为什么要自寻短见？"

少妇哭诉道："你不知道，我结婚两年，丈夫就遗弃了我，接着孩子又不幸病死。你说，我活着还有什么乐趣？"

艄公又问："那两年前你是怎么过的？"

少妇说："那时候我自由自在、无忧无虑。"

"两年前你有丈夫和孩子吗？"

"没有。"

"那么，你不过是被命运之船送回到了两年前。现在你又是自由自在、无忧无虑的了。"

少妇听了艄公的话，心里顿时一片晴朗，不仅不再寻短见，还高高兴兴地跳上了岸。

有些人总是喜欢说，他们现在的状况是别人造成的，环境决定了他们的人生，许多事情他们无法摆脱，也不能往好的方向想。这是因为他们从未真正地往好的方向想过，他们总是悲观失望，有时即使有好的想法，也马上会被自己否定。说到底，如何看待人生，全由我们自己决定。纳粹德国某集中营的一位幸存者维克托·弗兰克尔说过："在任何特定的环境中，人们都有一种最后的自由，那就是选择自己的态度。"

每个人的想法造就了不同的人生，一个人的内心想的都是快乐的事，他就会快乐地生活。如果内心里想的都是悲伤的事，那么他就会悲伤地生活。

不找借口找方法

有时，面对困难，我们常常退缩，理由是困难太大；面对竞争，我们常常逃避，理由是对手太强；面对责任，我们常常推卸，理由是担子太重……不错，人生给我们的挑战太多太多，而我们用以逃避的理由也同样太多太多。

工作不顺利时，我们常常会找种种借口，认为是领导故意刁难，把不可能完成的工作交给自己；认为最近健康状况欠佳，才导致效率不高……心想偷懒，还把偷懒理由正当化，总认为期限还有三天，明天、后天再拼，今天不妨放松一下。

不要为你的放弃找借口，最关键的是你还没有坚强的意志力。不要总是抱怨你没有机会，没有人帮助你，没有人吹捧你，没有人拉你一把，没有人让你变得重要，没有人告诉你出路。如果你有潜力，如果你真的称职，你就会在找不到路的时候开创出一条路来。

找借口是执行力不够的表现，如果内心不想做某件事，就会以种种借口来应付。当我们用借口来应对一件本可以轻而易举地完成的事，而成功也就被借口阻挡在了门外或者被推迟了一步。

成功者做事从来不找借口。自己力所能及的事都会努力做到，如果遇到困难则会想尽一切办法克服。如果是自己力不从心的事，也不会去刻意勉强自己，而是直接表示自己无能为力。无论是能做到的事还是不能做到的事，他们都不会找借口作为挡箭牌。所以，成功的人善于遇到问题找方法，而只有懒惰的人、不喜欢动脑筋和动手做事的人才会找各种借口和理由。

罗杰是一位体育界的成功人士，他曾获奥林匹克运动会400米银牌和世界锦标赛400米接力赛的金牌。然而，他的出色和优秀并不仅仅是因为他获得了令人瞩目的成就，更让人感动的是，他所有的成绩都是在他患心脏病的情况下取得的，而他在每一次比赛时从来没有把患病当作自己的借口。

除了家人、医生和一些朋友，没有人知道他的病情，他也没向外界公布任何消息。当他第一次获得银牌之后，他对自己并不是很满意。如果他如实地告诉人们他是在患病的状态下参赛的，即使他的运动生涯半途而废，也同样会获得人们的理解和体谅，可罗杰并没有这样做。他说："我不想小题大做地强调我的疾病，即使我失败了，也不想以此为借口。"

成功的人不见得有超人的能力，却有着超凡的心态。他们能够积极主动地创造机遇，而不是拿自己的客观因素作为借口，来逃避困难，回避问题。如果我们经常给自己找借口，就不能完成任何事情，这对我们以后的职业生涯是极为不利的。

美国职业篮球协会1994—1995赛季最佳新秀杰森·基德在谈到自己成功的历程时说："小时候，父母常常带我去打保龄球，我打得不好，每一次总是找借口解释由于这样或那样的原因使自己打不好，而不是诚心地去找没打好的原因。父亲就对我说："小子，别再找借口了，这不是理由，你保龄球打得不好是因为你不练习。如果不努力练习，以后你有再多的借口你仍打不好。他的话使我清醒了，现在我一发现自己的缺点便努力改正，决不找借口搪塞，这才是对自己有益的。"达拉斯小牛队每次练完球，人们总会看到有个球员在球场内奔跑不辍一小时，一再练习投篮，那就是杰森·基德，因为他是一个不为自己寻找借口的人。

每一个成功者都是那些清楚地知道自己需要什么的人，他们懂得如何去寻找，而不是整天为自己找理由开脱。

找出问题的症结

当问题发生时，你不能只看到问题的表面，而是应该找到问题的症结：为什么会发生这样的问题，而不是发生别的问题？为什么在这个环节出了问题，而其他容易出问题的环节却运转良好？这才是你真正应该探究的内容。

关键的问题与问题的关键在某种程度上是一样的，都是抓住主要矛盾或矛盾的主要方面来做事。这些关键制约着事情的发展，因为它们涉及事情的本质。善于观察和领悟的人往往会抓住事情的一两个点，控制着事情的进展。而目光肤浅或粗心的人会费了大半天功夫也没什么效果。

业务员小周有一个令他十分头疼的客户，这个客户专爱拖账，而且往往一拖就是好几个月。

为了这个客户，小周不知道让经理给数落了多少次。其实，并不是他不积极地去催账，而是这家公司老板老谋深算，只要秘书一听见电话那头传来小周的声音，便会马上接着说："我们老板不在。"然后，"咔嚓"一声挂断了电话，叫小周向谁开口要钱呢？

若是直接跑到客户的公司门口，柜台小姐一看到他，便一定会中气十足地扯着嗓子喊道:"真是不巧,我们老板今天不在!"

做生意做得这么痛苦,小周不是没想过干脆不要和这家公司打交道,只是市道冷清,如果放掉这只大鱼,可能会连鱼干都吃不到!为了长期的利润着想,小周只好硬着头皮,一次又一次地上门去碰钉子。

终于有一天,小周想出了一个对症下药的办法。他匆匆忙忙来到客户的公司。照例,在门口就吃了柜台小姐的闭门羹,她大声地喊道:"我们老板不在,请你先回去,等老板回来我再请他打电话给你。"

小周只好点了点头,转身走向门口。临出门前,像是忽然记起了一件事情,他走回柜台,从公文包里掏出一封信交给柜台小姐:"要是老板回来了,麻烦把这封信转交给他。"

说完,小周就急忙离去。

过了一会儿,又看到小周气喘如牛地跑回来,他上气不接下气地对柜台小姐说:"很对不起,刚才的信给错了,请还给我。这封信才是给老板的。"

柜台小姐走到办公室里拿了那封信出来交还给小周。

小周瞄了信封一眼,发现信封已经有被拆开过的痕迹,兴奋地说:"太好了!老板已经回来了,请带我去见他。"

就这样,小周顺利地见着了老板,拿到了货款。在把货款放进公文包的同时,他看了看皮包里那封被拆开的信,信封上写着:"内有现金,请亲启。"

小周脸上浮现了得意的笑容。

小周的问题是有一个贪心的客户,因为贪心,所以拖账,如果想要成功的收回账款,小周必须先从人性的贪婪面着手。

任何问题的答案,都隐藏在问题之中。解决问题的第一步,就是深入了解,找到问题的根源。

寻找方法机会更多

善于寻找方法去解决工作和生活中的问题和困难，是我们决胜的根本，更是一个企业保持旺盛竞争力的保障。无论在什么时候，善于找方法的人比遇到问题就逃避的人有着更多的机会，也更容易受到人们的欢迎。

每个人都会在工作和生活中遇到难题，没有任何问题的理想状态是根本不存在的。所以，面对问题和困难，我们完全不必担忧和逃避，只要找出解决问题的方法，一切困难将迎刃而解。

问题容易发现，解决办法却难找，成了人们不喜欢解决问题、一见到困难就想躲的理由和借口。每个人对待问题的态度是不同的。善于发现问题的人，也常常喜欢想各种应对的方案和办法。而不善于发现问题的人，更不会主动去想问题该怎么解决，当别人发现了问题，想与之共同解决时，得到的回应却是借口。

方法永远都比困难多，所谓"魔高一尺，道高一丈"，只要用对方法，就没有解决不了的难题。方法用得对不对，是做事的关键。

每一个问题都有它的特点和难点，所以我们还要具体问题具体分析。积极地寻找解决方案，不可随意地乱用方法，强加套用或照搬模仿都是不可取的。碰到容易更改方法和可以反复实验的事情，或许多尝试几种办法也未尝不可，然而一旦关系到整体全局的利益或重大决策的实施时，就不能轻易地替换方案，而应在采用之前慎重商讨和修改。

一个国王约见平时以笨出名的平民阿笨，要他完成一项任务：在一个同时只能烙两张饼的锅中，三分钟内烙好三张饼，并且每张饼必须烙两面，每面烙一分钟。

阿笨并不笨，而且还开过烙饼连锁店，被业内人士称为"高效率人士"。按照国王的要求，这最少需要四分钟的时间，可是阿笨却用了一个笨方法实现了要求。第一分钟，他先烙两张饼。第二分钟，把一张翻烙，另一张取出，换烙第三张。第三分钟，把烙好的一张取出，另一张翻烙,并把第一次取出的那张放回锅里翻烙。结果,他用了三分钟时间烙好了三张饼。

改进方法离不开向高效率人士的学习,既要有敢于与众不同的勇气,还要有能够独立思考和判断的思维,突破旧有的思维模式,也就找到了解决困难的方法。

有一位企业家新注资到一家服装厂,但他本人对服装领域一窍不通,一切的运转程序都由企业家的搭档来负责。但是没过多久,他的搭档因为劳累过度住进了医院,这意味着所有的重担都由这个对服装领域并不熟悉的企业家一人担当。

企业家起初对接手这项工作一筹莫展,那些服装领域的书籍对他而言更派不上用场。但是,企业家想出了一个办法,虽然自己是外行,但这里的员工都不是外行。于是,企业家深入员工当中,以领导和专家的身份出现在他们的面前。

来到服装公司后,企业家找到各个部门的主管,对他们说:"很抱歉,我们无法与你继续合作下去了。公司不会雇佣一个没能力的员工。若是你能正确指出公司以前所犯的错误,并指出合理的更正办法,说明你知道如何做好你的工作,我就愿意与你继续合作。"

这种方法果然奏效,经过与各部门主管的谈话,企业家的桌前很快就放满了堆积如山的意见和建议。企业家对这些意见和建议并未认真地阅读和分析,而是只负责执行。结果令人惊讶的是,服装公司运转良好,盈利也越来越多。

通过集思广益,为解决问题提供了许多有参考意义和价值的方案方法,不仅有利于会议决策者在短时间做出决定,也激发了与会者的思维潜能和工作热情。

并不是同样的方法在所有的人那里都产生相同的效率和结果,适合于一个人的方法在另外的人看来也许是最笨的,但是喜欢用这种方法做事的人却运用自如,将问题解决得很棒。因此,遇到问题要具体分析,要选对方法才能做对事。

思路一改变，成功快一半

很多人总是忽视最基本的逻辑问题而变得不知变通，死守着原来的经营思路，却不知道一变万事达的道理，以至于最后坐吃山空，甚至被优胜劣汰的法则淘汰。

企业实行多样化战略，是经济发展的一个基本推动力量。在许多情况下，它是大多数公司采用的最主要的共同策略。进一步讲，多样化的强烈要求，存在于各种形势中。

在经营顺利时，企业要向新的方向扩张，以取得联合的共同优势和品牌名望。经营不善时，企业就要另谋生路。

毛姆出版第一本小说的时候并没有引起轰动，很多作品销售量都不高，毛姆有点着急。面对销售量的惨淡局面，他并没有像其他作家那样用签名售书的形式扩大自己的知名度，而是独辟蹊径，选择了一种令人意想不到的方法：征婚。

毛姆在一份发行量很大的报纸上登了一则征婚启事："本人年轻英俊、教养深厚、百万富翁，欲寻一位毛姆小说中女主人公似的女孩为终身伴侣。"征婚启事一刊登出来，一石激起千层浪，许多女孩纷纷购买毛姆的小说。还有一些人抱着好奇心去看，这位百万富翁的小说究竟写了什么内容？结果，毛姆小说热卖，而毛姆本人的名气也一路飙升。

正如销售没有唯一的圣经，问题的解决方式也并非一成不变。很多人追求一些所谓的成功经、最佳策略、最好办法等，其实很容易陷入一种局限的思维中，认为问题的解决方法应该是固定的，甚至遵循着套路。很多人在解决问题时，习惯用惯用的方式方法，认为这样做成功的把握会更大，从而不敢放开思路，尝试更多的方法。其实，任何问题都没有固定的方法。那种用一种方法应对所有问题的做法，是行不通的。

一艘远洋海轮不幸触礁，葬身海底，9名船员幸免于难，他们登上了一座孤岛。岛上除了石头，别无他物，没有食物充饥，更严重的是，没有水解渴。尽管四周都是海水，可谁都知道，海水又苦又涩又咸，根本无法饮用。在炎炎烈日下,每个人的嗓子都像冒了烟,他们只能盼望老天爷下雨,或者别的船只搭救。他们等啊等,没有下雨的迹象,也没有任何船只的踪影。有 8 名船员最终坚持不住,纷纷渴死在孤岛上。

当最后一名船员快要渴死的时候,他实在忍不住扑进海水,奇怪的是,他一点儿也感觉不到海水的苦涩,相反觉得海水甘甜清爽,非常解渴。他想:这也许是临死前的幻觉吧。于是便躺在岛上,静静地等着死神的降临。当他醒来时,发现自己只是睡了一觉,并没有死。于是他每天靠喝岛边的海水度日,终于等来了救援的船只。后来人们对这里的水进行分析才发现,这儿有地下泉水不断翻涌,所以岛边的海水实际上是甘甜可口的泉水。8 名船员因为死守着"海水不能饮用"的固有经验,最终渴死在淡水边。

观念是影响我们成功的关键。许多人有了新思想的时候,往往会被众多貌似科学的权威扼杀在摇篮之中。因此,打破旧思想,提倡创新,是解决问题的重要前提。勇于走进某些禁区,打破条条框框的束缚,敢为天下先,会寻找到意想不到的机会。因循守旧、维持现状的人,过的只能是芸芸众生的生活。由此可见,我们既要注重方式方法,又要有灵活应变的思维,只有这样你才能达到事半功倍的效果,迅速地解决问题。

把问题反过来思考

面对相同的困境,头脑愚笨的人只会直线思考,而头脑灵活的人能够改变思考方式,从反面入手,获得成功。

改变思考方式,处理问题的方式就会变得多起来,而困境和难题是客观存在的,不会随着思维的转变而发生变化。所以,困境改变不了,但头脑可以灵活运转;问题变化不了,思维可以从多角度出发。

一个商人在翻越一座山时,遭遇了一个拦路抢劫的山匪。商人立即逃跑,但山匪穷追不舍,走投无路时,商人钻进了一个山洞里,山匪也追进山洞里。在洞的深处，商人未能逃过山匪的追逐，黑暗中，他被山匪逮住了，遭到一顿毒打，身上的所有钱财，包括一把准备为夜间照明用的火把，都被山匪掳去了，幸好山匪并没有要他的命。之后，两个人各自寻找着洞的出口，这山洞极深极黑，且洞中有洞，纵横交错。

山匪将抢来的火把点燃，他能看清脚下的石块，能看清周围的石壁，因而他不会碰壁，不会被石块绊倒，但是，他走来走去，就是走不出这个洞，最终，他力竭而死。商人失去了火把，没有了照明，他在黑暗中摸索行走得十分艰辛，他不时碰壁，不时被石块绊倒，跌得鼻青脸肿，但是，正因为他置身于一片黑暗之中，所以他的眼睛能够敏锐地感受到洞外透来的微光，他迎着这缕微光摸索爬行，最终逃离了山洞。

世界上没有解决不了的难题，只要善于动用智慧的头脑。看上去不可能的事，经过思维的转变，就会有意想不到的收获。

杰克曾经因为几个大学生登山迷了路而访问某位登山专家。其中有这样一个问题："如果我们到了半山腰，突然遇到大雨，应该怎么办？"

登山专家说："你应该向山顶走。"

"为什么不往山下跑呢？山顶上的风雨不是更大吗？"杰克怀疑地问。

"往山顶走，固然风雨更大，却不足以威胁你的生命。至于向山下跑，看来风雨小些，似乎比较安全，但却可能遇到山洪暴发而被淹没。"登山专家严肃地说："对于风雨，逃避它，你只有被卷入洪流；迎向它，你却能获得生存。"

面对强大的困难，我们常常选择躲避或绕道而行，却不知道有时候迎难而上，结果可能会有另一番天地。

不良心态解决技巧

发散性思维的 4 种方法

不同的人,其思维方式是不同的。而不同的思维方式对待不同的事物,甚至是同一事物,也会产生不同的看法,形成不同的思维成果。在日常生活中,我们可以根据人们活动的不同特点,对他们运用于活动中的思维方式做出反观式的评价,说他们具有开拓性、创造性、多变性或稳健性、保守性、守旧性等。这些表现着发散性思维和收敛性思维以及二者结合好坏的不同作用。

何为发散性思维?发散性思维是沿着不同的方向、不同的角度思考问题,从多方面寻找解决问题答案的思维方式。这种思维方式最根本的特色是多方面、多思路地思考问题,而不是囿于一种思路、一个角度,一条路走到黑。对于发散性思维来说,当一种方法、一个方面不能解决问题时,它会主动地否定这一方法和方面,而向另一方法和方面跨越。它不满足已有的思维成果,力图向新的方法、领域探索,并力图在各种方法和方面中,寻找一种更好一点的方法和方面。众所周知,大发明家爱迪生之所以为人称道、永留青史,不仅在于他发明了多少种东西,更在于他对科学孜孜不倦的精神。为试制灯泡丝,他实施了 1 600 多个不同类型的方案,一直到最后找到碳化丝片才告成功。类似的例子在科学史和实践史上数不胜数。发散性思维体现了思维的开放性、创造性,是事物普遍联系在头脑中的反映。既然事物是相互联系的,是多方面关系的总和,我们就应从多个方面、多个角度去认识事物,向四面八方发散出去,从而寻找解决问题更多更好的方法。

发散思维是创造性思维的基本方法,由它派生出或者说涵盖了一些具体方法和技巧,这里将集中讲述纵横思维法、逆向思维法、分合思维法、质疑思维法等四种。

1. 纵横思维法

将思考的问题或对象从纵与横的发展方向上进行思维加工就是纵横思维法。就是说遇事时横竖多想想，有哪些因素、哪些可能性、哪些可行的办法，拿出些新点子，以使思路开通，少出差错。例如，我们看一个同学的进步，一方面要看看他的过去、现在和将来的表现和发展；另一方面也要从德智体美劳等多方位全面去衡量。从纵与横的两方面去把握事物就会全面深刻，在学习中应该多运用这一方法。纵横思维法也可以分成纵向思维法与横向思维法两种。

2. 逆向思维法

从相反的方向去思考，改变人们通常只从正面去思考的习惯，这种反过来从完全对立的角度去思考问题的方法就是逆向思维法，可以说是"背道而驰"或反其道而行之。从反面去看问题，易引起新的思考，往往产生独特的构思和新颖的观念。正反两方面多想想，可能会收到意想不到的效果。

逆向思考法是指为实现某一创新，或解决某一因常规思路难以解决的问题，而采取反向思维寻求解决问题的方法。思考问题时，人们总是习惯于经历一个从起点到终点的过程，沿着事物发展的正方向去思考问题并寻求解决办法。而逆向思维却是把目标倒推回来，主动寻找条件的一种思维方法。

人们说话办事或思考问题往往是带着一种主见，顺着熟悉的思路进行。但是，这种思考也许并不客观，也不完善。俗话说："当局者迷，旁观者清。"遇到这种情况，有时局内人即使逻辑不通，却还是以为文句通顺，身陷险境也浑然不觉。为了避免这种自我盲目的情况，有时需要旁人的指点。如没有旁人，就有必要采用逆向思维方法，也就是换一个角度重新审视自己的立场。

实践中也有很多事例，对某些问题利用正向思维却不易找到正确答案，一旦运用反向思维，常常会取得意想不到的功效。这说明反向思维是摆脱常规思维羁绊的一种具有创造性的思考方式。其实，对于某些问题，从结论往回推地倒过来思考，从求解回到已知条件，或许反倒会使问题简单化，甚至因此有所发现而创造新的奇迹。这也正是人们着迷于逆向思考魅力的原因。

3. 分合思维法

分合思维法是将思考对象的有关部分，在思想上将它们分解为部分或重新组合，试图找到解决问题的新方法。大家都知道曹冲称象的故事，曹冲用的就是分合思维法。当时最大的秤只能称200斤重量，而一只大象上万斤，如何称呢？似乎不可能。曹冲用木船为媒介，把大象分解为等量的石头，分别称出石头的重量，再加到一起，不就等于大象的重量了吗？这是一个典型的分合思维法的例子。

帽子与上衣连起来组合成新的款式，上衣与裤子连起来组成背带裤，上衣与裙子连起来组成连衣裙。收音机与录音机连起来组成收录机。橡皮与铅笔粘在一起组成新型铅笔，据说发明这种铅笔的人是个穷画家，穷得连橡皮头都舍不得丢掉，把它粘在铅笔上，因而成了一项发明，报了专利，穷画家一跃而成了大富翁。这便是分合思维法的妙用。

分合思维法可以分为分解思维法和组合思维法两种。分解思维法可以"化腐朽为神奇"，把无用的因素分离出去，把有用的因素提取出来并加以利用；组合思维法可以由组合而创新。二者都是很有用的创造技法。

发散性思维是多方向性和开放性的思维方式，它同单一、刻板和封闭的思维方式相对立。它承认事物的复杂性、多样性和生动性，在联系和发展中把握事物。发散性思维仿佛具有众多条的"触角"，不拘泥于一个方向、一个框架而向四面八方延伸，使我们的思维纵横交错，构成丰富多彩又生动的"意识之网"，而这张网可以迅速、灵活地"编"出多种多样的"意识产品"。

4. 质疑思维法

质疑思维法就是勇于提出问题，敢于向权威挑战。不受传统理论的束缚，不迷信书本和专家权威，也不盲目从众。勇于提出问题或者敢于挑战也不是没有根据的乱说，而是在认真学习前人知识经验的基础上，经过深思熟虑，发现问题，提出质疑。华罗庚在初中毕业后，认真系统地自学数学，经过验证，发现当时一位数学教授的公式推导有错，他就大胆提出质疑。在学习中，经过认真思考，敢于发现问题，勇于提出问题，这是学习成功的重要环节。俗话说得好："学问学问，要学就要问。"学，就是对已有知识体系的继承和肯定；问，就是对已有知识体系的质疑和否定。

质疑的目的是为了提出新看法、新观点，建立新理论，这就是立论。质疑和立论是创造性思维的两个阶段。有人说："质疑诚可贵，立论价更高。"质疑使人将信将疑，立论使人心明眼亮；质疑使人千回万转，立论使人豁然开朗。总之，质疑只是宣告旧理论有毛病，立论才能宣告旧理论的结束、新理论的成立。

形象思维的5个关键步骤

所谓形象思维主要是用直观形象和表象解决问题的思维。其特点是具体形象性、完整性和跳跃性。

形象思维的基本单位是表象。它是用表象来进行分析、综合、抽象、概括的过程。当人利用他已有的表象解决问题时，或借助于表象进行联想、想象，通过抽象概括构成一幅新形象时，这种思维过程就是形象思维。所以，利用表象进行思维活动、解决问题的方法，就是形象思维法。

一个人要外出，他要考虑环境、气候、交通工具等情况，分析比较走什么路线最佳、带什么衣物合适，这种利用表象进行的思维就是形象思维。在文学作品中典型形象的创造、画家绘画、建筑师设计规划建筑蓝图等也是形象思维的结果。在学习中，不管哪一学科，不管是多么抽象的内容，如果得不到形象的支持，如果没有形象思维的参与，都很难顺利进行。所以我们学习各门课程时，既要运用抽象思维法，也要运用形象思维法。

大脑右半球喜欢整体的、综合和形象的思维，所以有人说右半球是形象思维中枢，它的思维材料侧重于事物形象、音乐形象和空间位置等。在开发右半球的潜能时，主要就是利用形象记忆和形象思维活动。这是开展右脑训练的基本原则。

下面再讲几个形象思维的训练步骤。

1. 累积形象材料

在看电视、欣赏音乐、学习活动、参观、旅游、家务等日常活动和社会实践活动中，尽量扩大对自然和人类活动中事物形象的掌握，有意识地观察事物形象，广泛积累表象材料，丰富表象储备。头脑中的表象越多，不仅越能促进右半球的活动，也越会为形象思维提供了形象原料。

可以说，丰富的表象储存无论对形象思维还是抽象思维都有帮助。

2. 积极开展联想和想象活动

要经常开展形象丰富生动的联想和想象活动。不要束缚自己的想象，要让想象展翅高飞，任其在广阔的宇宙中遨游。

中国著名的化学家侯德榜，曾于1932年因发明新的制碱法造出纯碱，从而在万国博览会上荣获金质奖章，他办的企业称雄国际化工业界近一个世纪。侯德榜小时候不但读书非常刻苦勤奋，严格要求自己，成绩优异，十门功课得了一千分，而且还喜欢想象，爱好形象思维。他十来岁的时候，在课余时间经常躺在福建家乡的草坡上，望着滚滚的闽江水，让自己的想象纵情驰骋，旋转不息的水车、姑母家的药碾子，都是他想象过的东西。

3. 建构知识整体学习法

传统教学法是一节一节、一章一章地学，从最佳学习方法来看这是少慢差废，不科学。建构知识整体学习方法要求先理解和掌握知识的整体结构，以此为根基去理解部分知识内容。先把握知识结构层次和整体框架，使脑内浮现一张地图形成整体架构，然后搞清部分与部分之间的关系形成整体认知结构。进一步区分知识的层次、方面和知识点，形成知识系统和整体结构。进而把握知识或事物的重点，分清重点和细节部分，集中精力理解并掌握知识重点和整体结构。

建构知识整体学习法，强调建构知识整体结构，有助于大脑右半球功能的发挥，能大大提高学习记忆的效果。

4. 促进右脑功能发展的训练

能促进右脑功能发展的活动有许多，现讲述8点。

（1）培养绘画意识，经常欣赏美术图画，还要动手绘画，有助于大脑右半球的功能开发；

（2）画知识树，在学习活动中经常把知识点、知识的层次、方面和系统及其整体结构用图表、知识树或知识图的形式表达出来，有助于建构整体知识结构，对大脑右半球机能发展有益；

（3）发展空间认识，每到一地或外出旅游，都要明确方位，分清东西南北，了解地形地貌或建筑特色，培养空间认识能力；

（4）练习模式识别能力，在认识人和各种事物时，要观察其特征，将特征与整体轮廓相结合，形成独特的模式加以识别和记忆；

（5）音乐训练，经常欣赏音乐或弹唱，增强音乐鉴赏能力，能促进大脑右半球功能发展；

（6）冥想训练，经常用美好愉快的形象进行想象，如回忆愉快的往事，遐想美好的未来，想象时形象鲜明、生动，不仅使人产生良好的心理状态，还有助于右脑潜能的发挥；

（7）经常开展形象记忆和形象思维活动；

（8）左侧体操，练左侧体操和运动有助于右脑保健。

5. 培养良好想象品质

想象的品质为：

（1）想象的主动性是指想象的目的性的程度；

（2）想象的丰富性是指想象内容的充实程度；

（3）想象的生动性是指想象表现出的鲜明程度；

（4）想象的现实性是指想象与客观现实相关的程度；

（5）想象的新颖性系是指想象的新奇程度。

想象力的培养要认真做好以下几点：

（1）积累广泛、深刻、丰富的各种表象；

（2）掌握丰富的语言文字；

（3）积累丰富的生活经验；

（4）大量阅读文艺作品；

（5）积极参加创造活动；

（6）尽量运用各类想象；

（7）培养正确的幻想；

（8）树立远大的理想。

直觉思维的两种训练方法

所谓直觉思维，是一种非逻辑抽象思维的跳跃式的思维形式，它是根据对事物的生动知觉印象，直接把握事物的本质和规律，是一种浓缩的高度省略和缩减了的思维。直觉思维常常表现了人的领悟力和创造力。直觉一般表现在艺术创造和科学研究过程中，经过长期的思索，猛然觉察出事物的本来意义，使问题得到突然的醒悟，进入一种走出混沌的清晰状态，就如古诗词中所描绘的那样："众里寻他千百度，蓦然回首，那人却在灯火阑珊处。"

所以，直觉思维是创造性思维的重要组成部分，在我们的生活、学习，特别是科学研究中，具有不可忽视的重要意义。对此，爱因斯坦特别指出："物理学家的最高使命，是要得到那些普遍的基本定律，由此，世界体系就能用单纯的演绎法建立起来。要通向这些定律，并没有逻辑的道路，只有通过那种以对经验的共鸣的理解为依据的直觉，才能得到这些定律。"苏联科学史专家凯德洛夫则更为直接地论述道："没有任何一个创造性行为能够脱离直觉活动。""直觉，直觉醒悟是创造性思维的一个重要组成部分。"这些，均指出了直觉思维在整个人类思维活动中的重要作用。

下面简单介绍两种直觉型思维训练方法。

1. 暴风骤雨式联想训练法

所谓暴风骤雨式联想法，就是指主体在思考问题时，以一种极其快速的联想方式进行思维，并从中引出新颖而具有某种价值的观念、信息或材料。在进行上述思维活动时，只要求主体思维飞快运转，将涌现出来的任何信息不评价其好坏优劣，一律即刻记录下来，等联想结束之后，再来逐一评判其价值，寻找出最优答案。

暴风骤雨式联想是由美国学者提出的，他们认为"智力的相乘作用和它的开放才是快速思考的最重要之点"。开始，只是为了比较一下集体工作和单独工作在思维效率上的差别。后来，美国几所大学将这种思维技巧用于培养和训练学生的创造性思维，并进行了一系列的实验研究。结果表明，这种技巧在训练人的思维方面具有一定的作用。

2. 笛卡尔连接法式训练法

笛卡尔连接法的原意是指用抽象的几何图形来说明代数方程，尽可能采用"智力图像"来解决问题。"智力图像"即指存在于人的思维中的某种思维模型。这种思维模型是通过某种图像或图形符号来显示的。比如说，类似于物理模型、几何模型等。然后，我们尽可能采用这种图像模型来进行思维。

举例来说，我们如果看到鸡蛋，脑子里就会浮现起一个椭圆的图形，如果 a=b，便出现一个圆的图形。这种思维过程便称为"笛卡尔连接"。说通俗点，就是指我们在思维时，将抽象的概念、原理、关系等，用生动具体的图像模型加以展示，并进行相关分析、处理，这种思维技巧便是"笛卡尔连接法"。

笛卡尔连接法在解析几何时代以及相对论时代曾发挥过巨大的作用，时至今日，这种思维技巧更成为时代前进的一把开山利斧。杨振宁博士1980年回国讲学过程中，曾举例说明笛卡尔连接法的重要作用，论及了"物理原理几何化"的重要意义。他举例说道，麦克斯韦就是用数学方程表示了法拉第关于磁力线的几何想法，而爱因斯坦也在许多文章中讲到了物理原理几何化的问题。爱因斯坦把电磁场看作空间结构实际上就是把它看成几何结构。从广义上讲，这种将引力看作几何，将物理原理看做几何，正是笛卡尔连接这种思维技巧的直接应用。

"一个强有力的思维方法是根据信息和知觉创作一幅图，然后就这幅图找出你的办法。"所以，我们将笛卡尔连接法移植到思维领域中，这是一种具有广阔意义或实用价值的思维技巧。换言之，在直觉思维中，我们可采用各种智力因素，包括物理、几何，或者其他各种各样的具体、生动、鲜明的图像，来取代数码或语言进行思维。这对于我们进行高效率的思维是大有裨益的。

运用抽象思维的两个过程

抽象思维是思维的高级形式，又称为抽象逻辑思维或逻辑思维。抽象思维法就是利用概念，借助言语符号进行思维的方法。其主要特点是通过分析、综合、抽象、概括等基本方法协调运用，从而揭露事物的本质和规律性联系。从具体到抽象，从感性认识到理性认识必须运用抽象思维方法。

抽象思维可分为经验思维和理论思维。人们凭借日常生活经验或日常惯例进行的思维叫作经验思维。儿童常运用经验思维，如"鸟是会飞的动物""果实是可食的植物"等属于经验思维。由于生活经历的局限性，经验易出现片面性和得出错误的结论。理论思维是根据科学概念和理论进行的思维。这种思维活动往往能抓住事物的关键特征和本质。

抽象逻辑思维的基本单位是概念，人们通过概念进行判断和推理。概念、判断、推理是抽象思维的基本形式。人们在认识活动中运用概念、判断、推理等思维形式，对客观现实进行间接、概括的反映过程属于理性认识阶段。抽象思维凭借科学的抽象概念对事物的本质和客观世界发展的深远过程进行反映，使人们通过认识活动获得远远超出靠感觉器官直接感知的知识。

抽象思维深刻地反映着外部世界，使人能在认识客观规律的基础上科学地预见事物和现象的发展趋势,预言"生动的直观"没有直接提供出来的但存在于意识之外的自然现象及其特征。它对科学研究以及人类在日常生活中处理人与世界的关系都有其重要的意义。

1. 培养抽象思维能力

在学习和运用抽象思维时要注意以下5点:

(1) 要学习掌握和运用科学概念、理论和概念间的内在联系。

(2) 要掌握和用好语言系统。

(3) 要重视科学符号的学习和运用。

(4) 与思维的基本方法密切配合运用。

(5) 与抽象记忆法、理解记忆法及其派生的方法联合训练,可以起到互相促进的较好效果。

2. 培养个人的统摄思维能力

思维过程是一个清晰逻辑的思考过程,也是一个不断从一个环节过渡到另一个环节的、由浅入深或由少到多的认识过程。在这种思考认识过程中,就需要借助思维来把握事物的整体和全貌,及其发展的全过程。

所谓统摄思维能力就是通过综合和概括,借助概念反复把握事物整体及其发展的全过程的思考方式。把大量的事实综合在一起形成科学概念,再把更多的概念、事实和观察概括为内涵更集中的概念,并用清晰而简洁的符号加以标识,这是科学发展的形式。例如,生理学中"新陈代谢"和"条件反射",生物学中"动物"和"植物",社会发展学中的"生产力"和"生产关系"等概念都是包含一系列事实的概念。在学习过程中我们要尽力去领会概念之间的内在联系,运用概念和符号去把握事物的整体。不仅是在知识学习中,而且更重要的是在社会实践中,如能自觉运用统摄思维,经常去认识事物之间的联系,把握其整体特征和发展全过程,那将会大大提高抽象思维能力。

第5章

善待别人善待自己

——好心态助你左右逢源

有人说:"给别人的,其实就是给自己的。"让别人经历什么,有一天自己也将经历,就像你怎么对待父母,将来你的孩子也会怎么对待你。因此,若想被人爱,就要先去爱人;希望被人关心,就要先去关心别人;想要别人善待你,就要先去善待别人——这是一个可以适用于任何时间、任何地点的定律。

不因无谓的琐事得罪人

两千多年前,雅典政治家伯里克利曾经给人类说过一句忠言:"请注意啊!先生们,我们太多地纠缠于一些小事了!"这句话,对今天的人们来说仍然值得品味和借鉴。

说句老实话,对于一般人来说,生活就是由无数的小事所组合而成的,甚至对那些大人物来说也是如此。每个人的生活中,小事都是无处不在、无时不有的,如果你过多地拘泥、计较小事,那么人生就根本没有什么乐趣可言了,触目所及的必然都是矛盾和冲突。

想一想,你挤公共汽车时,有人不小心踩了你的脚,或者你去买菜时,有人无意间弄脏了你的裙子;有时走在路上,说不定从道旁楼上落下一个纸团,打在你头上!此时此刻,如果你不是大事化小,小事化无,而是口出污言秽语,大发雷霆之怒,说不定会闹出什么祸事来。

20世纪80年代末,在辽宁某地曾经发生过这样一件事:有一个年轻女子在看电影时,被后面的男观众无意间碰了一下脚,尽管男观众当面道歉,但那名女子仍然不依不饶。她硬说对方是要耍流氓,竟然回家叫来丈夫将那个人用刀砍伤解气。结果,因触犯法律,夫妻俩双双锒铛入狱。

人生中有许多梦想要去实现,有许多事要去做,如果把大好光阴消耗在生气上,既浪费了时间,又伤害了自己和他人。

古人云:"让一让,三尺巷。"人生之事,只要不是原则性的大事,得过且过又何妨?人活在世上,理应开朗、豁达,活得超脱一些;凡事斤斤计较,只是徒增烦恼罢了。

豁达乐观的人从不因为小事而得罪他人。因为他们知道,因小事得罪人无异于自找苦吃,自缚手足,自己给自己设限。

不过在生活中因计较小事而得罪别人,以及自寻烦恼的人很多,特别是有些年轻人。如有的年轻人对个人名利过于苛求，得不到便烦恼不安；有的人性情多疑，老是无端地觉得别人在背后说他的坏话，常常感到莫名其妙的烦恼；有的人嫉妒心重，看到别人的成就与事业超过自己，心里就不舒服。最为典型的自寻烦恼是把别人的问题揽到自己身上自怨自艾，这无异于引火烧身。

聪明的人往往是虽处在让人烦恼的环境中，但自己却能够寻找快乐。因为烦恼本身是一种对已成事实的盲目、无用的怨恨和抱憾，除了给自己的心灵以一种自我折磨外，没有任何积极意义。为了不让烦恼缠身，最有效的方法是正视现实，摒弃那些引起你烦恼不安的幻想。世界上不存在你完全满意的工作、配偶和娱乐场地，不要为寻找尽善尽美的道路而挣扎。实际上，并不是所有在生活中遭受磨难的人，在精神上都会烦恼不堪。

相信很多人对生活的磨难、不幸的遭遇，往往是付之一笑，看得很淡；倒是那些平时生活安逸平静、轻松舒适的人，稍微遇到不如意的事情，便会大惊小怪起来，引起深深的烦恼。这说明，情绪上的烦恼与生活中的不幸并没有必然的联系。生活中常碰到的一些不如意的事情，仅仅是可能引起烦恼的外部原因之一，烦恼情绪的真正根源，应当从烦恼者的内心去寻找。大部分终日烦恼的人，实际上并不是遭到了多大的个人不幸，而是在自己的内心素质和对生活的认识上，存在着某种缺陷。因此，当一个人受到烦恼情绪袭扰时，就应当问一问自己为什么会烦恼，从内在素质方面找一找烦恼的原因，学会从心理上去适应你周围的环境。

狄士雷里说过："生命太短促，不能再只顾小事。"安德烈·摩瑞斯在《本周》杂志里说："曾经帮我经受住很多痛苦的经验。我们常常被一些小事情、一些应该不屑一顾并忘记的小事情弄得非常心烦……我们活在这个世上只有短短的几十年，而我们浪费了很多不可能再补回来的时间，去愁一些在一年之内就会被所有人忘了的小事。不要这样，让我们把我们的生活用在值得做的行动和感觉上，去运用伟大的思维，去经历真正的感情,去做必须做的事情。因为生命太短促了,不该再顾及那些小事。"

别太拿自己当回事

在人际交往中,那些谦让而豁达的人总能赢得更多的朋友;相反,那些自尊自大、孤芳自赏的人总会引起别人的反感,最终在交往中走到孤立无援的地步。

安德森是个非常优秀的青年,头脑一向很聪明,在大学期间是令人羡慕的"学习尖子"。或许正是因为他太优秀了,所以其他人在他眼里简直不值一提。

他是一个特立独行的人,时时感到自己是"鹤立鸡群"。他不仅看不起周围的同学,连一些教授他也不放在眼里,因为他们讲的课程对安德森来说实在太简单了。

学业上的优秀使安德森逐渐形成了一种优越感,因而在人际交往中常常变得极为挑剔,容不得别人有一点毛病。一次,有位同学向他借了一本书,书还回来时弄破了一点,虽然那位同学一再向他表示歉意,但安德森仍然无法原谅他。尽管碍于面子,他当时什么话也没说,然而从那以后,他再也不愿理睬那个借书的同学了。

渐渐地,安德森成了其他同学眼中的"怪人",大家不敢再和他交往,甚至不愿和他交往。当然,这种"集体排斥"并没有阻碍安德森在学业上的成功。

安德森的功课门门都很优秀,年年都获得奖学金,还曾代表学校参加过国际性竞赛并获得了奖项。许多老师和学生都一致认为,他是一个难得的"天才"。

数年寒窗苦读后,安德森以优异的成绩毕业,顺利进入一家待遇优厚的大公司。他心中对未来充满了憧憬,准备干出一番轰轰烈烈的事业来。

不过，上班后的生活远远不像在学校里那样简单，每天都少不了和上司、同事、客户等各种各样的人打交道，安德森对此感到十分厌烦。原因在于，他在与人交往时仍然抱着那种挑剔的心理，一旦与人接触就对他人的弱点非常敏感。

毕竟，安德森太优秀了，很少有人能够和他相提并论。他对别人的挑剔越来越严重，逐渐发展成对他人的厌恶。他讨厌那些平庸的同事、低能的上司，有时甚至说不清对方有什么具体的缺陷，但他就是感觉不对劲。

长此以往，安德森与周围人的关系变得很紧张，彼此都感到很别扭。他经常与同事闹得不可开交，也往往因一些微不足道的小事而与上司发生矛盾。

终于有一天，安德森彻底变成了一个无人理睬的闲人。尽管他确实很有才干，但上司却不再派给他任何任务，同事们也像躲避瘟疫一样远离他。

在走投无路之际，他被迫写了一份辞职书，结果马上得到批准。

随后，安德森又到别处应聘，可是一连换了四五家单位，竟然没有一处令他感到满意。这位原本前途远大的青年，逐渐变得形单影只，心情越来越苦闷。在巨大的痛苦煎熬下，他的精神逐渐崩溃，最后被送入一家精神病医院。

人太把自己当回事，就容易挑三拣四、忘乎所以、刚愎自用，并且在与人相处时会吹毛求疵。这样的人，即便本领再高强，也不会受人尊敬、被人重用。

而且，一个太拿自己当回事的人，即使不在言谈中将这种态度表露出来，其身上那种"顾影自怜""孤芳自赏"的气质也足以令许多人讨厌、不悦。因此，做人就要放低姿态，让自己融入群体中去，不要刻意突显什么，这样才能为自己赢得好人缘。

做事情切忌强出头

做事不要强出头——"枪打出头鸟""墙倒众人推"。你出头出好了也就罢了,一旦捅出什么篓子,你可能落到连现状也不如的地步。

有一个很有实力的房地产开发商与一个朋友闲谈,这个朋友说:"据我分析,你的实力堪称我们地区房地产业的第一。"这位开发商笑笑。

他说,当"第一"不容易,因为不论研发、行销、人员、设备,都要比别人强,为了不被别的公司超过,便要不断地扩充、投资;换句话说,要花很多力气来维持"第一"的地位。他说,这样太辛苦了,而且一旦没弄好,不但第一当不成,甚至连当第二都不可能。这当然只是这位开发商个人的想法,不过他所说的却是事实,当"第一"的,必然要费很多力气来维持"第一"的地位。

当第一太累,一旦你的事业做大了,想收手都不行,也就只能硬着头皮上阵,"未老先衰""英年早逝"也未为可知。

这么说,并不是不要你去当第一,如果你有当第一的本事,也有当第一的兴趣和机会,那么就去当吧!但如果你自认为能力有限,个性懒散,又懒得挑大梁,那么就算有机会,也不要去当第一。

经营企业也是如此,"龙头老大"的位子一旦不保,就会给人"某某公司倒了"的印象,于是兵败如山倒。力挽狂澜?恐怕没有那么容易!"第一"之路,真是一条不归路啊!除此之外,当"第二"还有其他的好处。

(1)静看"第一"如何构筑、巩固、维持他的地位,他的成功与失败,都可作为你的经验和指标。

(2)因为志不在当"第一",所以就不会太急切,造成得失心太重,不会勉强自己去做力不从心的事情,反而能保全自己,也会降低失败的概率。

(3)可趁此机会增强自己的实力,以迎接当"第一"的机会。因此,做事宁可从第二、第三或第四做起,就是先不要当"第一"!如能好好地当"第二",当主客观形势形成,自然就会变成"第一",这个时候的第一才是真正的"第一"。

不止企业经营如此,上班拿薪水也是如此。主管就是该部门的"第一",主管为了保住自己的位子,不但要好好带领手下,也要和上级搞好关系,以免遭人排挤。有功时,主管当然功劳最大,但有过时,主管也是首当其冲。但当副主管的就没这么多麻烦了,表面上看来他不及主管风光神气,但因为有主管遮风挡雨,可免去很多辛苦,何况也有当副手时没事,一当主管就出毛病的人,所以很多人宁可当副手却不愿当主管。可见当"第一"的难处。会做"老二"并非真的是甘居人后,而是可以从做"第二"中尝到更多的甜头,从而使自己的创业在一开始就可以借"蹭车"获得利润。中国台湾企业的经营管理概念中,有一种叫"第二哲学"的说法,就是不做第一,不做第三,而只是紧紧跟在排名第一的后面做第二,瞄准机会再向第一冲刺。或许是暂时不愿做"出头鸟",或许是想挂在后面搭个便车,但最终没有谁甘居第二,"第二"也只是个过渡。创业者在创业之初,要学会做"第二"。

做人也好,经营企业也好,不要一心只想做第一,枪打出头鸟,出头的椽子容易烂,所以,不妨低调一些,做个第二,也许会赢得另一番天地。

降低姿态与他人交往

低调做人是一种境界、一种风度、一种去留无意的胸襟、一种宠辱不惊的情怀。甘于低调做人者,总能以平常心面对喧嚣的世界、纷扰的人群,在为人处世上从不表现出骄傲、卖弄和过分张扬的姿态来,让自己的举止言行融于常人,并始终把自己看作是社会上普普通通、实实在在的一员。这不仅是一种做人的标准,也是一门做人的艺术。

英格丽·褒曼在获得两届奥斯卡最佳女主角奖后,又因在《东方快车谋杀案》中的精湛演技获得最佳女配角奖。然而,在她领奖时,她一再称赞与她角逐最佳女配角奖的弗伦汀娜·克蒂斯,认为真正获奖的应该是这位落选者,并由衷地说:"原谅我,弗伦汀娜,我事先并没有打算获奖。"

褒曼作为获奖者,没有喋喋不休地叙述自己的成就与辉煌,而是对自己的对手推崇备至,极力维护了落选对手的面子。无论谁听到这番话之后,都会十分感激褒曼,会认定她是自己的朋友。一个人能在获得荣誉的时刻如此尊重和取悦竞争对手,如此与伙伴贴心,实在是一种文明、优雅的风度。

古代有位大侠名叫郭解。有一次,洛阳某人因与他人结怨而心烦,多次央求地方上有名望的人士出来调停,对方就是不给面子。

后来他找到郭解,请他来化解这段恩怨。

郭解接受了这个请求,亲自上门拜访委托人的对手,做了大量的说服工作,好不容易使这人同意了和解。照常理,郭解此时不负所托,完成这一化解恩怨的任务,可以走人了,可他并没有一走了之。

一切讲清楚后,郭解对那人说:"这个事,听说过去有许多当地有名望的人调解过,但因不能得到双方的共同认可而没能达成协议。这次我很幸运,你也很给我面子,让我了结了这件事。我在感谢你的同时,也为自己担心,我毕竟是外乡人,在本地人出面不能解决问题的情况下,由我这个外地人来完成和解,难免会使本地那些有名望的人感到丢面子。"他进一步说,"这件事这么办,请你再帮我一次,从表面上要做到让人以为我出面也解决不了问题。等我明天离开此地,本地几位绅士、侠客还会上门,你把面子给他们,算作他们调解了此事。拜托了!"

郭解把自己的面子扯下来,心甘情愿地送给其他有名望的人,其境界之高、心态之平,实在令人佩服。

当你事业有成或获得令人羡慕的成绩时,千万不要忘乎所以,不要盛气凌人,而应该维持一种平和的心态。你要放低姿态与人交往,这样才不至于触到他人痛处,惹人忌恨,还能使自己更受别人的尊重和喜爱。

口头的胜利，做人的失败

有一种人，反应快，口才好，思维敏捷，在生活或工作中和人有利益或意见冲突时，往往能充分发挥辩才，把对方辩得脸红脖子粗，哑口无言。长此以往，这种人就形成了一个习惯：不管自己有理无理，一用到嘴巴，他绝不会认输，而且也不会输，因为他有本事抓你语言上的漏洞，也会转移战场，四处攻击，让你毫无招架之力。虽然你有理，他无理，但你就是拿他没办法。

在辩论会、谈判桌上，这种人也许是人才。但在日常生活和工作场合中，这种人反而会吃亏，因为日常生活和工作场合不是辩论场，也不是会议室和谈判桌，你面对的可能是能力强但口才差，或是能力差口才也差的人。你辩赢了前者，并不表示你的观点就是对的，你辩赢了后者，只能突显你仅仅是个好辩之徒且没有"心机"罢了。

而一般常见的情形是，人们虽然不敢在言语上和你交锋，但大家都心知肚明，反而会同情"辩"输的那个人。你的意见并不一定会得到支持，而且别人因为怕和你在言语上交锋，只好尽量回避你，如果你得理不饶人，把对方"赶尽杀绝"，让他没有台阶下，那么你已种下一粒仇恨的种子，这对你来说绝对不是好事。

中央电视台著名节目主持人崔永元谈到了办节目遇到的一些事。他说，现在世道变了，"文字狱"时代已成往事，说真话已不会闯下大祸，但"说实话免遭迫害，可不一定能免遭伤害"。崔永元苦恼地说："所以连我们自己有时都怀疑，节目到底能做多久。"他也体会到了"人生唯有说话是第一难事"。

你应该也有过这样的体会，一个人在提出自己的意见后，一旦遭到你的全盘否定，他的自尊心理往往使他采取以牙还牙式的反抗。这种心理反应会极大地阻碍谈判的顺利进行。因此，不论在什么情况下，你应当尽可能避免上述心理活动的发生。

相反，一个人在提出自己的意见后，一旦受到某种程度的肯定和重视，人的自尊心理会引导心理活动形成一种兴奋优势，这种兴奋优势会给人带来情感上的亲善体验和理智上的满足体验。这种体验一旦发生，就会有利于纠纷的调处，使争执双方的意见达成一致。

波音人寿保险公司为其推销员定了一个规矩：不要争论！完美、有效的推销，不是辩论。因为辩论并不能让人改变想法。

富兰克林常说："如果你辩论争强，你或许有时获得胜利，但这种胜利是得不偿失的，因为你永远无法得到对方的好感。"

因此，你要好好考虑一下，你想要什么，是只图一时口才表演式的胜利，还是给别人长期好感。

有好口才不是坏事，但运用不当则会坏事。因此，你若有好口才，建议你：

（1）把口才用来说明事理，而不是用来战斗。不过当有人攻击你时，你应当"自卫"。

（2）有好的口才，也必须有好的内涵，否则别人会笑你全身只有舌头最发达。

（3）要驳倒对方，保卫自己的意见时，点到为止即可，切莫让对方"无地自容"，换句话说，要给对方台阶下。

（4）别人得罪你时，你虽理直气壮，但也不必把对方骂得狗血淋头。

（5）若自己的观点错误，要勇于认错，并接受对方的观点，切莫用辩论的技巧死命反击，因为黑就是黑，白就是白，强辩只会让人看不起你。

好口才再配上好的心机，这样的人无疑很有影响力。如果空有好口才而不知收敛，带来的损失无疑是巨大的。不要在嘴上与人争辩，应用行动去赢得胜利。因为把"逞口舌之快"当成一种"快乐"，是做人的悲哀。

有好处分他人一杯羹

一个人做事千万别做绝，有好处时一定要分人一杯羹，这叫"予人方便，自己方便"。

常言道："人在江湖飘，哪有不挨刀。"很少有人能在这江湖是非之地叱咤风云而又全身而退，如果有的话，一来可以认为自己运气太好，没有碰到厉害的角色；二来太会做人，达到了无懈可击的程度。一代"红顶商人"胡雪岩，便是做到了后者的处世高手。

清朝著名的"红顶商人"胡雪岩，一生纵横官场与商场，做人真正地做到了"人精"的地步，他做人的一个重要原则便是"利益均沾，资源共享"。这才成就了他一段"不朽"的传奇。

胡雪岩做生意，永远把人缘放在第一位。"人缘"对内指员工对企业忠心耿耿，一心不二；对外指同行的相互扶持、相互体贴。

胡雪岩对金钱的看法是有他独到见解的，其中，很重要的一点便是与他人分一杯羹，好处共享。

有一次，胡雪岩打听到一个消息说外面运进了一批先进、精良的军火。消息马上得到进一步的确定，胡雪岩知道这又是一笔好生意，做成一定大有赚头。他立即找外商联系，凭借他老道的经验，高明的手腕，以及他在军火界的信誉和声望，胡雪岩很快就把这批军火生意搞定。

正当春风得意之时，他听商界的朋友说，有人在指责他做生意不仁道。原来外商已把这批军火以低于胡雪岩出的价格，拟定卖给军火界的另一位同行，只是在那位同行还没有付款取货时，就又被胡雪岩以较高的价格买走了，使那位同行丧失了赚钱的好机会。

胡雪岩听说这事后，对自己的贸然行事感到惭愧。他随即找来那位同行，商量如何处理这事。那位同行知道胡雪岩在军火界的影响，怕胡雪岩在以后的生意中与自己为难，所以就不好开列条件，只好推说这笔生意既然让胡老板做成了就算了，只希望以后留碗饭给他们吃。

事情似乎就可以这么轻易地解决了，但胡雪岩却不然，他主动要求那位同行把这批军火"卖"给他,以其与外商议定的价格,这样那位同行就吃个差价,而不需出钱,更不用担风险。事情一谈妥,胡雪岩马上把差价补贴给了那位同行。那位同行甚为佩服胡雪岩的商业道德。

如此协商一举三得,胡雪岩照样做成了这笔好买卖。没有得罪那位同行,博得了那位同行衷心的好感,在同行中声誉更高了。这种通达的手腕和高超的做人"心机"日益巩固着他在商界的地位,成为他在商界纵横驰骋的法宝。

不乘人之危抢人饭碗是胡雪岩圆融的处世方式的具体体现。他一直恪守这一准则,使他在商界获得了极好的名声。

胡雪岩在外经商多时,尽管自己不愿意做官,但和场面上人物来往身上没有功名,显得身份低微,才买了个顶戴,后来其官场好友王有龄身兼三大职务,顾不了杭州城里的海运局,正好胡雪岩捐官成功,王有龄就说要委任胡雪岩为海运局委员,等于王有龄在海运局的代理人。

对此,胡雪岩以为不可。他直告王有龄,海运局里有个周委员,资格老、辈分早,如果王有龄让胡雪岩坐上这个位子,等于抢了周委员应得的好处。反正周委员已经被他收服,如果由周某代理当家,凡事还是会与胡雪岩商量,等于还是胡雪岩幕后代理。既然如此,就应该把代理职位赏给周委员。

这样一来,胡雪岩避免了将周委员的好处抢去,也避免为自己将来树立一个潜在的敌人。所以说,他的"舍"实在是极有眼光、有远见的。

利用同样的观念,胡雪岩还曾帮助了王有龄一次。

王有龄官场得意,身兼湖州府知府、乌程县知县、海运局座办三职,王有龄在四月下旬接到任官派令,身边左右人等无不劝他,速速赶在五月一日接任视事。之所以有这等建议,理由很简单:尽早上任,尽早搂到端午节"节敬"。

清代吏制昏暗,红包回扣、孝敬贿赂乃是公然为之,蔚为风气。风气所及,冬天有"炭敬",夏天有"冰敬",一年三节另外还有额外的收入，称为"节敬"。浙江省本来就是江南膏腴之地，而湖州府更是膏腴中的膏腴，各种孝敬自然不在少数，王有龄四月下旬获派为湖州知府，左右手下各路聪明才智之士无不劝他赶快上路，赶在五月一日交接。如此一来，刚上任就能获得不小的"节敬"。

王有龄就此询问胡雪岩的意见，胡雪岩却说："银钱有用完的一天，朋友交情却是得罪了就没得救！"他劝王有龄等到端午节之后，再走马上任。

胡雪岩之所以这样建议是有多方面考虑的，王有龄不是湖州第一任知府，在他之前还有前任，别人在湖州府知府衙门混了那么久，就指望着端午节"节敬"，王有龄可以名正言顺抢在头里接事，抢前任的"节敬"。可是，这么一来，无形中就和前任结下梁子，眼前当然没事，但保不准日后什么时候就会发作。要是将来在要命关键时刻发作，墙倒众人推，落井猛石下，那可就划不来了。

胡雪岩深深明白，好处自己不能占绝，干什么事情都不能吃干抹净，一定要为对方着想，有好处时分给对方一杯羹，这样才会不结下怨仇。胡雪岩精通做事的"心机"，数次避开可能出现的陷阱，不愧是一代经商奇才，值得有心人效法。

摘下自己的有色眼镜

在生活中，大多数人都戴着一副有色眼镜。在看别人时，总看见不好的一面，总指责别人身上的缺点；而看自己时却总是看到优点。有时人们看到他人身上的缺点时，并不一定就是那个人所有的。也就是说，人们往往带着一种偏见看待别人。所谓偏见，指的是人们对某事持有的观点或信念，而这种观点和信念其实并不符合客观事实或与逻辑推论相违背。它带有很强烈的个人色彩。所以说，如果一个人在头脑中对他人已经有了一些不切实际的观念，那这种观念就会被强加到他人身上，一时是很难改变的。但这种偏见在他看来，却认为是极其客观的。

有一个教体育的老师，他爱上了一个姑娘，那个姑娘对他印象也不错，可是姑娘的父母却反对他们的来往。因为他们认为搞体育的人一般都是四肢发达，头脑简单，并且做事鲁莽。结果在父母强烈的逼迫下，两人不得不分手。

可见，一个人的偏见是非常强的，以至于很难用事实去反驳他。这种人往往忍受不了从多个角度来看待事物，他们坚持的是非此即彼。

尽管偏见是一种普遍存在的现象，但它却是人们互相交流的一个重大障碍。在它的影响下，原本会成为好朋友的两个人却可能反目成仇。如果一个人想要与他人有一个和睦友善的互动关系，就需要放弃这种偏见，放弃那种先入为主的不良观念。要放弃偏见，就需要承认别人的优点，就需要从实际的生活中学会观察，从多个角度去考量一个人或一件事。冷静自己的头脑，倾听别人的言论，客观地分析，才能卸下偏见的眼镜。

在一所小学里，有一个班长欺负了班上一个同学。这个同学把这件事告诉了老师，老师一听就说："你说其他人欺负你我还相信，说他欺负你这不可能。"偏见对于普通人还可以理解，但如果连有一定知识修养的老师都有这样的问题，可见刻板印象的影响是很大的。所以，在对他人有一个全面的了解之前，不要随意地让自己设想的情景固定你的头脑。

除了偏见能引起一个人对他人的误解，爱批评的心态同样左右着他的大脑。有的人认为批评了别人就是抬高了自己的地位，就能显示自己的派头。其实则不然，表面上批评他人好像是占了便宜，但实际上却显出了批评者是一个没有风度的人，显出他是一个患得患失的人，根本就没有达到一种豁达的境界。得失对其来讲，是非常重要的。

当一个人学会放弃偏见，放弃对别人的批评，那他就在修养上达到了一定的境界，就有了一种开阔的眼界，就能敞开胸襟接纳所有的事物，就能让自己活得比别人更有滋味，就能让人觉得他是一个可以亲近的人。但凡有大作为的人，都必须通过这一关，都应该放下心中抱怨别人的包袱。他不会只去一味地关注他人的失败，而不顾自己的发展。

放弃偏见，可使人变得宽容；放弃批评，可使人得到休憩；放弃抱怨，可赢得别人的尊重；放弃嫉妒，可获得他人的亲近。所以当你与人发生矛盾或冲突时，尽量放弃争强好胜的心理，那样才会化干戈为玉帛，使彼此和好如初；当你与家人发生摩擦时，尽量放弃争执，才会得到家人的谅解，使家庭和睦温馨。

不要意气用事

为人处世不要意气用事。容易意气用事的人往往不是把事情弄糟，就是中了别人的圈套。

事实上，并不是那些智商本来就低下的人才会意气用事。如果一个人受到奇耻大辱或者背负血海深仇的时候，往往也会意气用事。刘备是意气用事的典型。刘备自从得到了军师诸葛亮以后，一般都听从诸葛亮的安排来行军打仗，但是最后一仗，他没有听从诸葛亮的劝告，而是十分意气用事地率领大军去进攻东吴。因为他要给关羽报仇。

关羽在麦城被孙权设计俘虏之后，孙权因为爱关羽的才德，劝他投降。但关羽两眼圆睁，厉声大骂。孙权考虑很久之后，才叫人将关羽父子推出斩首。

关羽父子被害的消息传到成都，刘备大叫一声，昏倒在地。刘备从此不吃不喝，每天只是痛哭不止，连眼睛都哭出血来，发誓要引兵为关羽报仇。刘备还亲自在成都南门外主持招魂祭奠，终日嚎哭不止。刘备很快就病倒了，政务全交给诸葛亮一人处理。不久曹丕称帝，汉献帝被杀废，诸葛亮便上表请刘备做皇帝，以继承汉家事业。刘备先是不肯，后来还是听从了文武百官的劝告在成都登坛祭天称帝。

刘备称帝后便要兴兵攻吴为关羽报仇。赵云劝刘备以天下为重不要出兵，刘备不听。诸葛亮也率领百官苦苦相劝，刘备心中有一些动摇，然而这个时候，张飞从阆中赶来，哭着要刘备为关羽报仇，刘备听了张飞的话，决心起兵。

张飞回到阆中，限三日内全军白旗白甲，挂孝伐吴。部将范疆、张达请求宽限一些时日，张飞不听，鞭打两人，而且下了死命令。范疆、张达二人怀恨在心，当天晚上，二人见张飞酒醉未醒，于是杀了张飞，连夜投奔东吴去了。

刘备得知张飞遇害，哭昏在地。第二天张飞的儿子张苞、关羽的儿子关兴就来见刘备，刘备抱住两个侄子痛哭，发誓要替张飞和关羽报仇。孙权听说刘备引七十万水陆大军前来报仇，急忙召集众将商量对策。诸葛瑾愿意前去和刘备谈和停战。

诸葛瑾见到刘备，表示愿归还荆州，并送还孙夫人，刘备还是不肯罢休。

孙权见刘备不肯罢兵，于是派赵咨去见曹丕，让曹丕出兵攻汉中，帮助东吴解围。然而曹丕只封孙权为吴王，加九锡，但既不帮助吴，也不帮助蜀，听任两国交兵。他是寄希望于一国被灭后，再出兵除掉另一国，以坐收渔翁之利。

战争初期蜀汉军队节节胜利，东吴军队节节败退。傅士仁、糜芳见刘备势大便杀了马忠投奔刘备。刘备将马忠的头祭在关羽灵位前，又将傅士仁、糜芳二人刀剐祭灵。孙权见蜀军锐不可当，便将张飞首级和范疆、张达送还刘备，请求刘备停战。刘备将范、张二人刀剐于张飞灵前，却不愿停战。

这时大将阚泽以全家性命作保向孙权推荐陆逊领兵抵抗刘备，孙权下决心用陆逊。筑坛拜陆逊为大都督、右镇西将军，赐尚方宝剑，遇事可先斩后奏。

刘备听说陆逊就是定计取荆州的人，便要领兵去战。马良劝刘备不可轻敌。刘备就是小看陆逊，领军攻打各处关口。

蜀军天天叫骂，但吴军仍然坚守不战。天气炎热，刘备便令人将营寨移入林中阴凉处。刘备让吴班到关前诱敌,军士赤身卧在阵前。吴将徐盛、丁奉要求出战,陆逊不准,说这是诱敌之计,三日后可见分晓。三日后陆逊领众将到关上观望,见吴班兵已经离去,刘备的伏兵走出谷口,众将这才心服口服。刘备又让水军顺江而下,在东吴境内沿江扎寨。陆逊见时机成熟,便点将出兵。初更时分,东南风大起,蜀营到处起火,蜀军自相践踏,死伤无数。结果东吴军队大破蜀军。刘备逃往白帝城,最后郁郁而终。

为人处世一定要冷静,尤其是在情绪激动的关口,千万不要妄动。

不良心态解决技巧

点旺人气的8种法则

人与人之间相处,人气指数很重要,也就是说,人气指数与人缘关系成正比。

1. 努力使自己永远受到热情接待

一个对周围的人真诚感兴趣的人两个月结交的朋友比另一个力求使周围的人对他感兴趣的人两年结交的朋友还要多。不过,我们知道有一些人一生都在努力使别人对他感兴趣,而他们自己对谁也没表示过任何兴趣。当然,这不会有什么结果。人们对您和我都不感兴趣,他们首先对他们自己感兴趣。

为了交朋友,不能自私,要努力关心他人,为此需要时间和热情。有一位亲王为周游南美洲,曾花几个月的时间学习西班牙语,以便进行公开讲演。这使他博得了南美洲居民的热爱。

所以,你想引起人们的钦慕,你应遵循的第一条准则是:"对人们表示出真诚的兴趣。"

2. 给人留下好印象

行动比语言更富有表现力,而微笑似乎在说:"我喜欢您,您使我幸福,我高兴看见您。"这就是我们喜欢狗的原因吧。狗总是高兴看见我们,满意地跳来跳去!自然,我们也高兴看见它。也有装出来的笑容,不过这种笑谁也瞒不过。装出来的笑容只能使人感到痛苦。我们在这里说的是真诚的微笑——使人感到温暖的微笑,发自内心的微笑。

3. 善解人意,体贴别人

一个体贴别人的人,总是设身处地为别人着想,不让别人紧张、拘束,更不会让别人尴尬难堪。据说,莎士比亚就具有善解人意的神奇能力。在和人交往的过程中，他就像一条变色龙，能根据交往对象的不同特点，随着时间、地点的变化，进行应变。文学批评家威廉·哈兹里特指出："莎士比亚完全不具有自我，他除了不是莎士比亚之外，可以是其他任何人，或是任何别人希望他成为的人。他不仅具备每一种才能以及每一种感觉的幼芽，他还能借着每一次的命运改换，或每一次的情感冲突，或每一次的思想转变，本能地预料到它们会向何方生长，而他就能随着这些幼芽延伸到所有可以想象得出的枝节。"

4. 成为好的对话人

成功交谈的秘密在哪里？著名学者查理·艾略特说："一点儿秘密也没有……专心致志地听人讲话这是最重要的。什么也比不上注意听对谈话人的尊敬了。"倾听可以使他人感受到受尊重和欣赏，而这一点正是对方需要的。

您如果想成为被喜欢的人，请记住第4条准则："要善于注意听别人讲话并鼓励其讲话。"

5. 激起他人的兴趣

假若你想使他人喜欢你，遵循的第5条准则是："请谈论使你的对话人感兴趣的东西。"要想找到打开人心扉的钥匙，必须同他谈论他最向往的东西。

兰博在即将被选为副经理时，忽然有一位董事表示反对，这个意外的出现，使兰博的任命搁置下来。兰博从朋友那打听到这个董事有收藏古籍珍本的嗜好，每当遇到知音和称赞时就非常兴奋。兰博打电话给这位董事，真诚地说："如果在你的书室能欣赏到被人们赞誉的宝书，将是我一生的荣幸。"

董事邀请兰博来到自己的书室，并向兰博介绍了部分古籍的来历。兰博一边看一边由衷地称赞，感谢董事让他大开了眼界，增长了见识，并时不时地向董事投去钦佩和敬仰的目光。

通过这次交流，董事对兰博当副经理的事完全赞成。而兰博也敬佩董事的博才，两人成了知心的朋友。

6. 一见面就使人高兴

有一条十分重要的涉及人们品行的准则，你如果不轻视这条准则，你几乎永远不会落入困难的境地。谁遵循这条准则，谁将有众多的朋友并经常感到幸福。谁违反这条准则，谁就会遭受挫折。这条准则是："尊重他人的优点。"

在人与人交往沟通中，主要靠语言的应用，讲对方想知道的、感兴趣的、关注的话题，讲他爱听的话，多赞美他人。如果说，批评和鼓励都是催人上进、激人发奋的手段的话，那么，在多种情况下，适当的赞美就往往能收到更好的效果。一个笑容可掬、善于发现和挖掘他人优点并给予赞美的人，肯定会受到别人的尊重和喜爱。

7. 会给别人保面子

1922年，土耳其同希腊人经过几个世纪的敌对之后，土耳其终于下决心把希腊人逐出土耳其领土。穆斯塔法·凯墨尔对他的士兵发表了一篇拿破仑式的演说，他说："不停地进攻，你们的目的地是地中海。"于是，近代史上最惨烈的一场战争展开了。土耳其最终获胜。

当希腊的迪利科皮斯和迪欧尼斯两位将领前往凯墨尔总部投降时，土耳其士兵对他们大声辱骂。但凯墨尔却丝毫没有显现出胜利的骄傲。他握住他们的手，说："请坐，两位先生，你们一定走累了。"

然后，在讨论了投降的有关细节之后，凯墨尔安慰这两位失败者；他以军人对军人的口气说："两位先生，战争中有许多偶然情况。有时最优秀的军人也会打败仗。"凯墨尔即使在全面胜利的兴奋中，为了长远的利益，仍然记着这条重要的信条——让别人保住面子。

8. 给对方一条退路

要爽快地接受别人的意见，的确是一件很不容易的事。但是，如果是你的意见比较占优势，而他人想要逃避责任的话，这又该如何是好？这样的情况比起自己爽快地接受他人的意见难得多了。这个时候，最差劲的就是逼得他喘不过气，或说不出半句话，这也就是所谓的"赶狗入穷巷"。他人被你逼得走投无路的时候，只好抓你的语病反击。如果在这种情况之下,你还不懂得给对方留些余地,对方表面上可能表现得很宽容,匆匆地随便找个台阶下,但内心的煎熬却不像表面的那样,这种屈辱有机会他一定会讨回来。

如果你能够遇到一位心胸宽大,且真正欣赏你的人,这是你的福气,你要心存感谢,千万不要因为这样就趾高气扬得不可一世。《孙子兵法》中也说过,攻敌时要留一条退路给敌人,若是把敌人团团围住而不留一条活路,敌人在走投无路的情况之下只好决一死战,倾全力反击。因此,在与人意见的交涉中一定要为对方留一条退路,于人于己都行得方便。

办公室说话的11条潜规则

同在职场打拼,谁不想出人头地?又有谁愿意屈居人下?但是出人头地的人少之又少。那么是他们缺乏必要的技能吗?还是他们不够敬业?都不是。他们所缺乏的,其实是看似最简单却又最深奥的说话能力。

俗话说:"好人出在嘴上",如果你以为单靠熟练的技能和辛勤的工作就能在职场上出人头地,那么你就太天真了。相对于才干这种硬实力而言,懂得在关键时刻说适当的话,对于我们的职业生涯成功与否起到的作用,同样不容忽视。所以,你必须熟练掌握以下11个句型,并在适当时刻将它们派上用场。如果你做到了这一点,那么恭喜你:加薪与升职已经离你不远了。

(1)恰如其分地讨好的句型:"我很想知道您对某件事情的看法……"

与高层要人共处一室时,有时候需要我们找些话题,以避免或改变尴尬的局面和气氛。但是,说什么非常重要。

说每天的工作流程,显然让人乏味;说说最近的天气,又根本不会让高层对你留下印象;如果纵论天下大事,不仅显得文不对题,而且往往会给领导留下夸夸其谈的印象……此时此刻,最恰当的话题莫过于那些与公司有关而且发人深省的事情。

这些问题,是他们关心而又熟知的问题,在他们的指教下,你不仅获益良多，同时还会给他留下有上进心、有集体感的良好印象。

（2）不露痕迹地推辞的句型："这件事情是很重要，但是我手头的工作也很重要，您看先干哪个？"

有时候，领导们会分配一些紧急任务。所谓救急如救火，对此我们当然应该立即执行，但是就怕那些习惯于鞭打快牛的领导——他们是在变着法地给你加码。这时候，运用这种句型就比当下推辞好得多。

首先，你明白新任务的重要性；其次，你手头现有工作也很重要；最后，你请求上司的指示。一句看似非常服从的请示语，却不露痕迹地让上司明白了你的工作量其实很重。如果非要我去干新任务，手头的工作就得延后或者转交他人了。

（3）智退性骚扰的句型："这种话好像不大适合在公司讲吧？"

遇到有男同事在公众场合讲黄腔时，上面的句型立即就能让他们闭嘴。即使对方讲这些纯属娱乐或者说是无心之失，你的委婉声明也能够让他适可而止，而且不至于太尴尬。如果对方不识趣，那他显然就是在骚扰你，可以向有关人士举发，给予必要的教训。

（4）巧妙闪避、暂时解危的句型："我认真地考虑一下，一会儿答复您好吗？"

如果领导问了你某个与业务有关的问题，而你又不知如何作答，此时千万不要说"不知道"，上面的句型不仅可以暂时为你解危，而且还会让领导感觉你对这件事情非常慎重，一般来说，他们会答应你的请求。不过在接下来的时间里，你可要好好准备一番，尽量给领导一个让他满意的答复。

（5）在承认错误的同时自保的句型："都怪我一时疏忽，不过……"

工作中有所失误在所难免，承担自己的过失也是责无旁贷。但是在坦承过失时，却要注意必要的技巧。如果能够找出确实存在的一些导致错误的主客观因素，转移失误的焦点，淡化自己的过失，大多数情况下，只要情有可原，领导一般还是会原谅你。退一步讲，一个不能容忍员工有所失误的公司，我们又有什么值得留恋的呢？

（6）冷静面对不当批评的句型："谢谢您告诉我，我会仔细考虑您的建议。"

自己的努力遭人修正或受人批评时，的确令人苦恼，但是千万不要让不满的情绪写在脸上，否则难免会给人留下刚愎自用或是受不了刺激的印象。如能自然地运用上面的句型，不仅是对对方必要的回应，同时你不卑不亢的表现也会让对方适可而止、识趣而退。

（7）委婉求助同事帮忙的句型："这个事情没你不行啊！"

"一个好汉三个帮"，遇到棘手的工作，怎么才能让同事心甘情愿地助我们一臂之力呢？送高帽、灌迷汤一向是行之有效的好办法。不过事成之后，别忘了对同事真诚地道谢，必要时还要学会分享。同事有需要的时候，你还要记得报恩，否则这个句型并不能保证你百试不爽。

（8）表现团队精神的句型："小李的点子真不错！"

如果有同事想出了连上司都赞赏的绝妙好计，与其面沉如水、心生嫉妒，还不如借题发挥，悄悄沾他的光。具体运用时，可以趁着上司在场时说出这一句型。在这个人人争相出头的社会，一个非但不嫉妒而且能欣赏同事的部属，无疑会让上司产生一种"此人本性纯良、富有团队精神"的看法，如果你其他方面尚可，相信很快就会得到他的青睐。

（9）领导征求答复时的句型："我立即处理。"

领导最看中的就是下属的执行力。在他征求答复时给以冷静、迅速的回答，会给领导留下你是一个有效率、听话的部属的好印象。相反，唯唯诺诺、犹豫不决甚至推三阻四的态度，只会惹得领导不高兴。

（10）委婉地传递坏消息的句型："我们好像碰到了一些状况……"

如果得知一件非常重要的事情出了纰漏，千万不要立刻冲到上司的办公室里去报告坏消息。否则即使不是你的原因，也会让上司质疑你面对危机、处理危机的能力，弄不好还把气撒在你头上。这时应该以从容不迫的口吻说出本句型，并尽量避免使用"问题"或"麻烦"等字眼。当你做到了这一点，你至少已经具备了大将风范。如果你的能力能够与之相匹配，你的前途则指日可待。

（11）不要轻易发号施令，可以用"大家觉得这样如何？"代替命令。

在办公室的聊天中，我们常会听到诸如"母老虎""黄脸婆"之类的比喻。其实"母老虎"也好，"黄脸婆"也罢，她们并非缺乏温柔与魅力，最让人窒息的是她们那种盛气凌人、发号施令的神态。

曾有一位总裁秘书这样评价过他的女老板："3年来，我从没听到过她给什么人下达过命令。她总是提出自己的建议，而不是命令。比如，她通常会说'你可以看看这个'或'你是否想过，这样做结果会更好些呢？'"

这种方法不伤害他人的自尊心，不埋没他人的优点。它让人乐意接近你，而不是和你敌对。所以应时刻注意你说话时的语气与神态。用提问题的方式代替命令，这样会有意想不到的效果。

学会说"不"的8个技巧

保险公司的小李是处理协调客户赔偿要求事务的，小李的工作决定他要经常地拒绝客户的要求。然而，他总是对客户的要求表示同情，并解释说，从道义上讲他同意对方的要求，可自己实在是心有余而力不足。

由于拒绝得法，小李的工作做得很出色。同样，当别人有求于你而你又无能为力时，先不忙拒绝他，而要耐心地倾听他的陈述，对他所处的困境表示同情，甚至可以给他提些建议，最后告诉他，你实在无法帮他，对方绝不会因此而生气，反而会被你的诚意所感动。

当我们羞于说"不"的时候，请恰当地使用一些方法。学会说"不"是一种智慧，不只是简单的一个字，需要灵活地运用智慧。在处理重大事务时，来不得半点含糊，应当明确说"不"；面对朋友的真心求助时，则含糊说"不"来应付；在社交圈子里，在违反原则和自己力不能及时，可以采用一些手段说"不"。

1. 不假思索地说"不"

一位热情奔放的老妇人决定与年轻的女邻居交朋友，她发出邀请：

"欣迪，你明天上午到我家来玩，好吗？"

欣迪脸上露出温和宽厚的笑容说："谢谢了，但不行啊！明天，我还有事呢。"她的拒绝既友好又温情，但态度又是那么坚决，老妇人只好作罢。所以，当别人的请求你无法满足，就迅速做出反应，友善、真诚地谢绝他，不留任何回旋的余地。

2. 通过诱导对方来说"不"

诱导对方，即当别人向你提出不合理的要求时，不要简单地拒绝他，而应该让他明白他的要求是多么不合适，从而自愿放弃它。一位业绩卓著的室内设计师声称，对于用户的不合实际的设想，她从不直截了当地说"不行"，而是竭力引导他们同意她希望他们做的事情。

一位妇女想要用一种不合适的花布料做窗帘，这位设计师提议道："你真是给了我们一种新的设计思维，不过让我们来看看你希望窗帘布置达到什么效果。"接着，她大谈什么样的布料做窗帘才能与现代装饰达成最好的和谐，很快，那位妇女便把自己的花布料忘了，同意了她的设计方案。

3. 指明方向后说"不"

这一点对担任一定领导职务的人尤其重要。比如你的下属向你提出的要求被你拒绝后，你不妨告诉你的属下他的努力方向，使他始终看到希望，与此相比，你的拒绝就显得微不足道了，不会挫伤他的自尊心，也不会伤害你与属下之间的感情了。

《成功的人际关系》一书的作者，美国的威廉·雷利博士在谈及怎样处理下属希望晋职而他本身的条件又不够的情况时，曾建议企业主管这样说：

"是的，乔治，我理解你希望得到提升的心情。可是，要得到提升，你必须先使自己变得对公司更重要。现在，我们来看看对此还要多做点什么……"

4. 用拖延说"不"

一位女友想和你约会。她在电话里问你："今天晚上八点钟去跳舞，好吗？"你可以回答："明天再约吧，到时候我给你电话。"

你的同事约你星期天去钓鱼，你不想去，可以这样回答："其实我是个钓鱼迷，可自从成了家，星期天就被老公没收啦！"

5. 用沉默说"不"

当别人问："你喜欢阿兰·德隆吗？"你心里并不喜欢，这时，你可以不表态，或者一笑置之，别人即会明白。

一位不大熟识的朋友邀请你参加晚会，送来请帖，你可以不予回复。它本身说明，你不愿意参加这样的活动。

6. 热情说"不"

明确表示你希望满足对方的要求，并表示同情，可是实际上是心有余而力不足，请对方谅解，而不直接拒绝。这样也能收到良好的效果。例如：

客户要求电信局安装市内住宅电话，由于供不应求，无法一一满足，但又不能拒绝客户的要求。回答时，应表示同情，并热情地说：

"满足客户的要求是我们应尽的责任，可是由于目前线路短缺，还不能全部解决，我们正创造条件，请你耐心等待。"

7. 用回避说"不"

你和朋友去看了一部拙劣的武打片，出影院后，朋友问："你觉得这部片子怎么样？"你可以回答："我更喜欢抒情点的片子。"

你正发烧，但不想告诉朋友，以免引起他的担心。朋友关心地问："你试体温了吗？"你说："不要紧，今天天气不太好。"

8. 用模糊语言说"不"

外交官们在遇到他们不想回答或不愿回答的问题时，总是用一句话来搪塞："无可奉告。"生活中，当我们暂时无法说"是与不是"时，也可用这句话。还有一些话可以用做搪塞，如"天知道。""事实会告诉你的。""这个嘛……难说。"等等。

社会交往中的 10 种礼仪

羽西是一个时代感极强、极富有代表性的魅力女人,接受过正规的东西方文化教育和熏陶,不仅仅"用一只口红改变了中国女人的形象",还是在中国特定历史年代启蒙中国女性礼仪魅力的一面镜子。她强调一个人的魅力重要的是来自人格的魅力,要首先学会尊重他人,学会遵守礼貌礼仪的原则和规范。

下面是一些基本的社交礼仪,对你来说是很有必要了解和学习的。

1. 介绍

介绍的顺序应该是先将年幼人士介绍给年长的人士;将晚辈先介绍给长辈;将男士介绍给女士,以表示身份和性别上的尊重。

2. 握手

握手应用右手,身体微微地前倾以示尊重,双方距离 1 米为宜,用力适度以示诚恳热情,过轻过重都是失礼的行为。

握手时要热情,面露笑容,注意对方眼睛,并亲切致意,切不可漫不经心,东张西望。如果手上有手袋,应用左手拿住。

3. 交换名片

应站立、面带微笑、目视对方,用双手或右手将名片正面交与对方,接受他人名片后应道谢,并阅读名片,以示礼貌。

4. 交谈

交谈应注视对方面部,既不可死死盯住对方的眼睛,也不可草草应付不与对方眼神交流。

交谈者的距离应在 2 米以内,2 米以内是较为紧凑和谐的私人空间;2 米以外容易分散注意力,影响良好的沟通氛围。交谈时不应随意打断对方谈话。

5. 电话

电话是看不见的人际交往方式,语言是唯一的魅力,通常电话应在第二声铃响之后迅速接听,如铃响超过了四声,应主动向对方表示歉意。在西方有一个不成文的规定，电话应避开清晨、晚间十点左右以及吃饭的时间，接电话时应避免与他人谈笑或吃东西、处理其他事情等等，除非不得已，同时应向对方做说明。

6. 拜访

务必要避免没有预约的拜访，并应尽量避免在吃饭或休息时间因故失约，务必要提前通知对方。居家私人拜访，特别是应邀就餐时应该携带花卉、酒等特色小礼品。

在顾客家中，未经邀请，不能参观住房，即使较为熟悉的，也不要任意抚摸和玩弄顾客桌上的东西，更不能玩顾客名片，不要触动室内的书籍、花草及其他陈设物品。

7. 接待

客人初次拜访通常都有拘谨和生疏感，需要将客人一一介绍给在场的相关人士，并应主动介绍客人可能会需要的设施，如洗手间等。待客时不要经常看手表，会给客人造成急于送客的错觉。

在工作中接待客户时，应该点头微笑致礼，如无事先预约应先向顾客表示歉意，然后再说明来意。接待客人应热情主动，及时了解他们的需求是最为重要的。

8. 乘车

乘车时的姿态富有很强的动感，最能表现一个人优雅的风度，也最容易暴露问题。特别是女性，坐车的时候不能撅着臀部爬进去，而是让臀部先坐在位置上，再将双腿一起收进车里，并保持合拢的姿势。司机斜后方的位置是最尊贵的，司机旁的位子通常是下属或工作人员的。有一种情况应注意，当你的丈夫或太太或情侣开车时，你应该与他（她）同坐前排。乘车后你要打理座椅，带走乘车时用过的废品。

9. 用餐

只在用餐时间才吃东西，注意自己用餐的仪态，动作要轻盈，尽量不要发出很大的声音，餐后注意环境卫生，桌面应擦拭干净，餐盒应立即扔进远离工作场合的有盖垃圾桶里。

10. 修饰

头发经常清洗、梳理、修剪，保持卫生、美观；略施淡妆，显示出清雅、愉快、自信的神态；服装得体、大方，不要穿过分"薄、透、露"的服装，颜色也要注意和谐淡雅；注意口腔卫生，经常洗澡、剪指甲。

讲究礼仪的人都会显示出与众不同的风采，会得到他人的尊重。即使你的外貌不是最吸引人的，而你得体的服饰、优雅的举止、不俗的言谈也会让人着迷。

第6章

心理暗示的力量

——好心态助你释放潜能

我们经常谈及潜意识的作用,却很少谈及潜意识的力量。即使有的人对潜意识有一定的感悟和体察,也是停留在浅层次和相对感性的层面上。事实上,潜意识的作用是非常惊人的,能否充分认识和发挥潜意识的力量,乃是影响人生成败的关键因素之一。

怕什么来什么

法国心理学家爱弥儿·柯尔曾经在他的一部著作中介绍了"努力反向效应",他说:"当心理暗示和意志意愿发生冲突时,意志意愿会被心理暗示征服。意志意愿在心理暗示面前毫无作用,反而会加强心理暗示,让人得到意想不到的结果。人越是想压抑某种心理暗示,它便越可能成真。这就是努力反向效应。"

努力反向效应这种心态,在心理学有一个相似的名词,叫作"瓦伦达心态"。

瓦伦达是美国一个著名的高空走钢丝表演者。在一次重大的表演中,不幸失足身亡。

他的妻子事后说,我知道这次一定要出事,因为他上场前总是不停地说:"这次太重要了,不能失败,绝不能失败。"

而以往他却不是这样。每次表演之前,他只想着"走钢索",并专心为此做准备,根本不去管其他的事情,更不会为"成功"或"失败"而担心。

后来,人们就把专心致志做某事,而不去管这件事的意义和结果,不患得患失的心态,叫作"瓦伦达心态"。

从意识的层面讲,我们也可以说,这是努力反向效应在起着作用。瓦伦达努力想避免失败,其实他的"心理暗示"一直在怂恿他的潜意识这样想:"我这次可能会失败。""失败"这个词反倒影响了他的潜意识。

美国斯坦福大学的一项研究也表明,人大脑里的某一图像会像实际情况那样刺激人的神经系统。比如,当一个高尔夫球手击球前一再告诉自己"不要把球打进水里"时,他的大脑里往往就会出现"球掉进水里"的情景。这一情景会指挥他的行动,结果事情不是向他希望的那样发展,而是向他害怕的方向发展——这时候,球大多都会掉进水里。

电视上，当一个人在考试或者演出之前，反复告诫自己："这次考试（或演出）对我太重要了，千万不能失败。"我们知道，接下来他肯定要失败。

晚上当我们失眠的时候，越是告诫自己："赶紧睡着吧，明天还要早起。"结果，我们越努力想睡着，就越是睡不着。当我们换个想法："好，睡不着就算了，戴上耳机听听音乐。"反而不知不觉你就会睡着了。

理智和心理暗示经常处于对抗的状态。理智越让你不要怎么做，心理暗示却促使你向相反的方向发展。结果，心理暗示大获全胜。

如果改变理智与心理暗示对抗的局面呢？办法就是改变心理暗示。

比如，在走钢丝的时候，将"害怕失败"的心理暗示改为"期待成功"，潜意识就会调整他的身体和每一个细节，向着成功这个目标前进。

谁怂恿着中国人去抢盐

2011 年 3 月 11 日，日本发生大地震，并引发了海啸，接着是核泄漏，一连串的灾难，引起了全世界人们的深切关注。

在日本有条不紊地进行营救的同时，沿海相望的中国，却发生了令人啼笑皆非的一幕：

有谣传，核污染可能会扩散到中国，据说通过服碘片，或者以加碘食盐作为补碘手段可以有效防核辐射。接着，有黑心商家伙同不法之徒以哄抬抢购的方式囤积食盐，再加上不同方式的谣传，引起居民对于食盐的关注，纷纷购买储备，使得基本稳定的食盐供应平衡被短期打破，引来了抢盐风波。许多不明真相、不去用脑思考的人，纷纷加入抢购行列，一时间就把市场上流通的食盐提前购买一空，以致脱销缺货。不法商人因而卖出囤积的食盐并获取暴利。等谣传结束，或者高价囤盐者清醒过来时，便会直呼上当了。

事后证实这是一场炒作，许多人都在进行反思，人们为什么这么容易听信谣言呢？

据说，许多学校的学生不做饭，受到抢盐风波的影响，也储备了几袋盐；一次回家的路上，看到一个学生模样的人，在问一个炸羊肉串小贩："请问你这有盐吗？"

抢盐风波，除了商家的炒作之外，另一个重要原因就是心理暗示的作用。俗话说："谣言止于智者。"只要大家冷静地想一下，不要跟风，多了解一些信息，也就不会有抢盐风波了。但是，我们受到不良的暗示，我们害怕自己以后真的吃不上盐，做不了饭了，于是就掉进了商家炒作的陷阱。

人都会受到暗示。受暗示性是人的心理特性，它是人在漫长的进化过程中，形成的一种无意识的自我保护能力，当人处于陌生、危险的境地时，人会根据以往形成的经验，捕捉环境中的蛛丝马迹，来迅速做出判断。这种捕捉的过程，也是受暗示的过程。因此，人的受暗示性的高低不能以好坏来判断，它是人的一种本能。

有些"大师"，深谙心理暗示的精髓，不过不用在正路上，反而以此展开"造神运动"，大肆敛财。

缙云山绍龙观的李一道长，曾被一些媒体捧为"养生达人"，想要得到他的指点，往往代价不菲。李一在绍龙观开办了多个养生班，其中有一些平价班，如食宿费390元的"三日观"体验养生班；也有一些收费昂贵，如"5日班"每人学费3 800元，"7日班"每人学费9 000元。随着近年来"养生热"升温，在各类宣传推动下，上山找李一养生修行者纷至沓来，养生班屡屡爆满，甚至出现了"天价班"。长期参加养生的，不乏一些知名人士和学者。

还有所谓"养生专家"张悟本，他声称只要吃绿豆，任何病都能吃回去。据说，有些患者在按照他所说的去做之后，真的产生了有利的效果。其实，这涉及一个集体心理暗示的问题，这完全是一个人积极心理暗示在起作用。就像一副安慰剂，如果它暗示你"你会慢慢好起来的"，在这种心理作用下，你变得积极，病情也就真的可能好转起来了。

一些炒股的股民，非常容易受到所谓的"专家"的心理暗示，被一些分析师误导。结果赔得一塌糊涂。

被暗示，一定是你处于了被动的地位，一种不受自我意识控制的地位。因此很容易被误导。

在强大的"集体无意识心理"的影响下，一个人很难做到不被他人所暗示。当然，一些暗示是有合理的成分，如商场的品牌效应、口碑效应；但是，每个人都要理性地看待问题，不要被一些无根据的宣传所误导。

算命先生为什么说得那么准

在赵本山的小品《卖拐》中，展示了一个骗子施加心理暗示的典型，卖者利用了买者对自己健康的关切，让他着急，而当买者反复说明自己腿"没病"时，骗子就用各种各样的方法、说辞，让他感觉腿"不正常"。随着每种说法的奏效，本来就存有疑惑的买者自己不知不觉也会越来越感觉自己的确是瘸了。在他正不知所措时，骗子再抛出一个非常简单的解决方法——拐拐，随后顺利地把拐卖了出去。

生活中，也有很多骗子善于利用人们的心理弱点行骗。骗术其实就是一种心理暗示。骗子施加骗术的时候是有意为之，而被骗者接受时却往往是无意识的。也就是说，被骗者在与骗子交锋的时候，一开始心理是一种毫无防备的状态。

这两天，高三学生小胡心情很沉重，因为已经复读了一年的他即将第二次参加高考。父母担心儿子再次名落孙山。邻居的一个热心的大婶说："你可以去找算命先生算算吉凶。我知道一个算命的先生，算得可准了。上次我女儿中考的时候，就是让他算的。"

父母一听这么神奇，就决定带着小胡去问问，于是带他去大婶说的那家算命公司"咨询"。经过预约，胡先生和儿子去了趟公司。报完儿子的生辰八字后,老板打开一个电脑软件,算出了他的"八字命盘",随后把命盘交给了一个"易学大师"。"大师"算了一会儿就开始摇头,说小胡这10年的"大运"不大好,要到下一个10年才能发达。今年的考试运也不尽如人意,只是稍强于去年,应能考上大专;但明年的工作运却很好,可以考虑工作。最后,胡先生付了200元钱,带儿子黯然离去。

虽然说现代社会是一个崇尚科学、高扬理性的社会,但是各种各样的算命学说依然层出不穷。高考、就业、婚丧嫁娶选日子,都要算一算,卜一卦,或者给自己指明道路,或者挑一个黄道吉日。算卦的人群,从没读过书、没见过市面的人,到知识分子、专家教授,各色人等,不一而足。国外迷信算卦的人也不在少数。

为什么算命这一行业如此盛行?难道算命的方法也包含着合理的因素?

其实,这跟心理学有很大的关系。算命之所以准确,是因为我们受到了心理暗示的作用。

与此相类似,著名魔术师费尼尔司·泰勒·巴纳姆曾经在评价自己的表演时说,他的节目之所以受欢迎,是因为节目中包含了每个人都喜欢的成分,所以每一分钟都有人上当受骗。

这一效应后来被心理学家总结如下:人们很容易受到来自外界信息的暗示,从而出现自我知觉的偏差,认为一种笼统的、一般性的人格描述十分准确地揭示了自己的特点。

有位心理学家曾经针对这种效应做过一个实验。

心理学家给一群人做完明尼苏达多项人格测验(MMPI)后,让参加实验的人从他们的自我评价及一份笼统的人格描述中选出真正符合自身性格特征的一份,结果所有参加实验的人都认为那份笼统的人格描述对自身性格特征的描述更加准确!这项研究告诉我们:人们总是倾向于相信一个笼统的、一般性的人格描述,而能够准确地揭示一个人的性格描述却很难引起人们的赞同。

根据这个效应,我们可以看到这样的现实:人们平常总认为自己很了解真实的自己,而且也相信自己能够对自己的处境进行正确的判断,但事实并非如此,实际上人们很容易受到外界因素的影响或暗示,往往以外在的标准去判断和衡量自己,因此常常导致对自身的认识不准确。如,当你和朋友一块从煤矿里面出来,然后你看到你的朋友脸上有块印,于是你也下意识地摸摸自己的脸,想知道脸上是不是也一样,即使你不曾摸过一点煤渣。这就是因为朋友脸上的印给了你影响或暗示,使你对自己的认识有了偏移。

曾经有过这样一个小故事:

明朝末年,有三个秀才一起结伴进京去赶考。在路上,他们遇到了一个算命先生,因此三人就请教那位算命先生,三个人此次考试的结果如何。算命先生用手指掐算了半天,在三人面前伸出了一根手指晃了晃,弄的三人一头雾水。有个秀才问道:"这是什么意思?"算命先生说道:"天机不可泄露。"三个人见问不出来,也就只好走了。考试完以后公布成绩,三个秀才全部考中。于是秀才们都说算命先生非常厉害,算得太准了。

实际上,算命先生的一只手指可以有多种含义,既可以表示"一起中了",又可表示"一起不中""只有一个不中"或"只中一个",三个秀才会出现的四种情况都包含其中了。因此,无论三个秀才最后的考试结果怎样,算命先生都会蒙对。如此看来,算命先生只是另外一个巴纳姆先生罢了。

在某种意义上说,我们对自己并不了解,所谓"当局者迷,旁观者清",于是我们更倾向于借助外界信息来认识自己。正因如此,每个人在认识自我时很容易受外界信息的暗示,迷失在环境当中,受到周围信息的暗示,并把他人的言行作为自己行动的参照。这也许就是算命术大行其道的原因。

从上面的故事可以看出,认识自己有多么的重要。唯有自知才能认清自身的优点和缺点,从而扬长避短,使自己在社会中更好地赢得一席之地。但是,社会中也存在这样一个事实:人难有自知之明。所以有很多人经常看不到自身的缺点与不足，也不能很好地利用自己的优点与长处。他们常常在选择自己的职业发展方向或人生道路上感到迷茫，所以会常常伫立在十字街头徘徊。

心理学家提示：往往倾向于将别人的言行当作自己行动的参照，极易受到身边信息的影响与暗示，这样的人最容易被别人所利用。在生活中，要学会认识自己，而不要把自己的未来托付给别人虚无缥缈的判断。

用正面期望解决自我矛盾

人类大脑中的潜意识，总是不断地在相互碰撞、追逐、扰攘，那里蕴藏着无穷的宝藏，是人类进行创造活动的源泉。如果低估了潜意识的作用，就将阻碍人类社会的进步与发展。几乎所有的发明家、艺术家，都充满了幻想和创造性，他们的成果大多是潜意识作用的结果。

有一次，意大利著名男高音歌唱家卡鲁索在演出前，突然产生了"怯场"现象。他说，由于强烈的恐慌，他的肌肉开始痉挛，喉咙也像是被什么东西给卡住了一样，几乎很难发出声音。

卡鲁索惊恐万状，因为几分钟后，他就得登台演出。他的脊梁骨开始"嗖嗖"地冒冷气，浑身冷汗不止，他说："如果我无法从容地演唱，人们就会嘲笑我，那我不是丢人了吗？"于是，熟知该如何运用潜意识的他，在后台不住地对心中那个作祟的"我"说："你快走开，别干扰我，你快让平时那个正常的'我'回来！你休想阻止我一展歌喉。"他所谓的正常状态下的"我"，我们可以把它叫作"大我"，而阻碍他正常发挥，让他恐慌的"我"，我们可以把它叫作"小我"。而所谓的"大我"就是潜意识中所具有的无穷力量与智慧。他不停地大声说："走开，快走开！'大我'需要出场了。"

卡鲁索的潜意识做出了回应，他的体内产生了蓬勃的力量。当幕布开启时,他充满自信地走上台,嗓音刚劲有力,雄浑而满怀激情,让所有在场的观众都被他的声音所吸引。

显然,卡鲁索了解两种思维模式,"大我"与"小我"之间的关系,也就是意识思维即理性思维与影响着意识思维的非理性思维。当你的意识性思维(小我)充满恐惧、忧虑与慌乱时,你的潜意识思维(大我)就会产生消极情感,使你被惊恐、不祥、绝望的情绪所笼罩。如果出现了这样的情形,你也不要惊慌,而要平心静气,尽量保持镇定,并对自己体内的"小我"说"你赶快闭嘴""我能控制你""你必须服从我,听我指挥""我不允许你干扰我的事情"。

卡鲁索的成功表明了,通过正面期望,能够壮大"大我"的力量,让他在与"小我"的交锋中占据优势。

心理学家经过50多年的研究发现,不管是在哪一个领域,"正面期望"都跟成功有密切的关系。如果你认为自己会成功,你就会变得乐观;如果你变得乐观,你身边的人、事、物就会正面、积极地响应你。

只要你的期望带着强烈的自信心,你就会下意识地努力达成预期的结果。如果你认为自己能成功,你就会成功;如果你觉得自己一定会红,你就会红;如果你认为去哪里可以玩得很开心,你就会玩得很开心。你期望什么,就会发生什么。

你的期望对周遭人们的影响远远超乎你的想象:如果你预期自己能够成功地把东西卖给客户,对方的潜意识就会接收到这个信息,并做出对双方都有利的正面响应。

潜意识的力量比意识大3万倍,如何让这主宰人生的潜意识发生巨大的力量,我们可以用想象、重复、集中思想,最重要的就是要知道自己要的是什么?就像祈祷一样,其实祈祷就是运用我们的潜意识的力量去达到我们想要的一切,达到心想事成。祈祷就是内心潜意识的信任,许多人祈祷没有结果,是因为不能够完全懂得他们潜意识的工作机制。当你知道你的心理是怎样工作时,你就会增强信心。

不要强迫你的潜意识

法国著名心理疗法医师里·库埃曾经说:"如果你的愿望与想象之间发生冲突,那么后者将会占据主导。"他还举了一个例子说明:

倘若你在地上放着的一块木板上行走,那么这对你来说,实在是易如反掌。现在,假如这块木板搭在两堵高墙的墙头之间,离地面足有20空格英尺高,那么,你还能够无所畏惧地在上面走吗?你行走于其上的愿望,很容易会被你的想象力——唯恐从上面掉下去这一念头所抵消。于是,你在木板上行走的愿望、意志乃至事实上的行动,在片刻之间就会发生逆转,担心失败了从木板上掉下来的念头很快就占了上风。这样的大脑意识不啻为"自拆台脚",最终导致结果走向愿望的对立面。其潜台词就是:你做出了"无力改变局面"这一自我暗示。这种自我暗示的力量是如此强大,致使潜意识思维受到抑制,潜意识就听命于谁。因此,避免或禁止在祈祷时产生不必要的想象,是你的愿望得以实现的重要前提。

向潜意识说出自己的要求和渴望是必要的,但是完成这一过程,需要你,全身放松,心态平和地进行,只有这样,潜意识才能自主地工作,并发挥力量。不要过分关注过程之中的细节和手段,重要的是你的心态。不论何时,只要你想要解决的问题得到了解决,你就要记住这种成功后的快感。当你从一场大病中走出,那种难以名状的喜悦之情,理应伴随你左右。你要时刻用那些快乐的事情来充满你自己。

运用潜意识思维时,不要使用意志力,不要假定会存在任何对手。你需要做的,就是想象目标已经实现后,你的那种喜悦和高兴的状态。这时,你将会发现,自己的某些"悟性"与"智慧"总想站起来,试图挡住潜意识的前进之路。别去管它,你尽力保持一份单纯而强烈的信念就是了,它终将产生奇迹。

要是潜意识做出有效的回应,一个相当可行的方案,就是运用一切科学的手段,"激活"头脑中的想象力。另外,你也可以诉诸有效的"祈祷术"。具体的方法是：首先，对你的问题进行分析；其次，把解决问题的任务下达给你的潜意识思维；最后，酝酿情感，对潜意识的能力寄予完全的信任，坚信你的问题一定能够得到解决。在实施祈祷的时候，不要流露出"我希望自己有可能痊愈""但愿一切顺利"等这样的字眼。这种意识的努力是不会起到任何作用的。这样做，只能使潜意识思维产生抗拒心理，从而使你的愿望泡汤。我们的言词要充满无限的权威，充满坚定的力量。我们要对自己说"我一定能够痊愈""我相信将一切顺利"。

很多人可能都会有这样的经历。参加考试的学生，当他们拿到考卷的时候，经常会发现，原来熟记于心、背得滚瓜烂熟的东西一时都想不起来了。只觉得头脑中一片空白，回想不起任何和考试内容相关的东西。这时，如果你越是想想起某些东西，越是和自己较劲，你就越是想不起来。在这种情况下，你最好的选择，就是暂时把它放弃，做那些你可以记住的东西。等到把全部试题都答完了，再回过头考虑刚才想不起来的问题。还有些东西，你真的是在考试时间内难以想出它的答案，可是当你走出考场，心中的压力全都解除了，那些你怎么想也想不出的答案，却神不知鬼不觉地跑了出来。以强迫性意识进行记忆，正是考场的大忌。

对大脑使用强迫性力量，其实是你自己给自己预先设下了对立面。如果你的思维集中于解决问题的方法或过程，那么，它就不会关注于问题本身。对于任意想法、愿望或头脑意象而言，意识与潜意识之间必须达成某种默契。

只有二者之间不存在任何的冲突，答案才会出现。所以，为避免愿望和想象之间出现"打仗"的情况，你在进行祈祷时，最好让自己进入意识模糊的状态，比如将要睡着的时候、刚刚起床的时候，这种时候，既有助于排除各种杂念的干扰，又是潜意识思维活动的"高峰期"，潜意识能够老老实实地听你的安排。

正确运用"自我暗示"

一个刚刚出道的歌手,因被邀请参加某场大型演唱会而事先进行试唱。在这之前,她曾经接到过类似的邀请,但是她去试唱了三次,结果都是因为她紧张,三次均被淘汰。尽管她的嗓音很出众,演唱水平不俗,长相也很好,但她总是担心等到她演唱时,评委会给她亮出最低分。因为她总是担心评委们不喜欢她,虽然自己尽力演唱,但是她总是有这种心理,于是她每次参加试唱的时候就心情焦虑,不知道如何是好。她的潜意识接受了这种消极的自我暗示,并对她的试唱产生了致命的影响,使她屡次遭受挫败。

后来,她听从朋友的意见,来到一家心理诊所,接受治疗。在医师的建议下,她开始运用自我暗示的方法,向恐惧感发起攻击。她把自己关在一个房间里,走到一个带扶手的椅子上,尽量放松心情,让自己的全身都感到很舒适,并慢慢地闭上双眼,均匀地呼吸,逐渐驱走脑中的杂念。这样,她的意识性思维变得驯服了,易于接受自我暗示。她对自己说:"其实,我唱得很好。我很有实力。我可以做到心平气和,非常自信。"按照医生的建议,她每天都重复做这样的练习。一周以后,她就像变了一个人似的,她不再那么焦虑和恐惧,而是沉着和冷静。她不仅在以后的试唱中通过了评委的审查,而且演唱水平也大幅度提高。

还有两个例子:

一位已经75岁高龄的老妇人,总是对自己和他人说:"我的记性越来越糟糕了。"这样过了不久,原本记忆力还不错的她,真的开始"糊涂"了,刚刚和她说过的事情,她马上就忘记了。当别人提醒她这件事情刚刚和她说过后,她就会感叹"哎呀,我的记性真的是越来越糟糕了"。她的女儿发现了母亲的这一病态,就把她带到了心理医生那里,接受心理治疗。医生告诉她,只要你每天数次对自己说"其实我的记忆力很好。只要我愿意的话,我可以记住任何事物——它们在我大脑中的痕迹,一天比一天清晰。当我回忆起他们时,它们的痕迹便会生动地呈现出来,就像刚刚发生过的一样。"三周以后，这个老妇人的记忆力恢复了正常。

有个女孩子，平时总是爱发脾气，猜疑心重，家里人都很怕和她说话，稍不留心，可能就会惹来麻烦。这个女孩子很苦恼，她也知道爱发脾气，猜疑心重，不是好事，但是每次她都控制不住自己，事情过后又后悔。后来她接受了医生的建议，经常对自己说："我的脾气其实很好。我每天都充满了快乐，我和我的家人相处得很好，我很爱他们，他们也喜欢我。我关心他们，体贴他们，我身边的人都因为我的存在而感到幸福快乐。我良好的修养和高雅的气质，深深地感染了他们。"一个月以后，奇迹终于出现了，她成了一个气质优雅，活泼热情的好姑娘。

暗示的力量是无穷的，只要你能够正确运用它，它就会为你的人生带来幸福和快乐。

不要自我设限

科学家做过一个有趣的实验：

他们把跳蚤放在桌子上，一拍桌子，跳蚤迅即跳起，跳起高度均在其身高的100倍以上，堪称世界上跳得最高的动物！

然后科学家在跳蚤的头上罩了一个玻璃罩，再让它跳；这一次跳蚤碰到了玻璃罩。连续多次以后，跳蚤改变了起跳高度以适应环境，每次跳跃总保持在罩顶以下高度。接下来逐渐改变玻璃罩的高度，跳蚤都在碰壁后主动改变自己的高度。

最后，玻璃罩接近桌面，这时跳蚤已经无法再跳了。科学家于是把玻璃罩打开，再拍桌子，跳蚤仍然不会跳，变成"爬蚤"了。

跳蚤变成"爬蚤"，并非它已经丧失了跳跃的能力，而是由于一次次受挫折学乖了，习惯了，麻木了。

最可悲之处在于，实际上的玻璃罩已经不存在了，而跳蚤却连"再试一次"的勇气都没有。玻璃罩已经在潜意识里，罩在了跳蚤的心灵上，跳蚤行动的欲望和潜能被自己扼杀！科学家把这种现象叫作"自我设限"。

在我们每个人的生命中，都会面临许多害怕做不到的时刻，因而划地自限，使无限的潜能只能化为有限的成就。你可能一直认为你现在的一切都是命中注定的，现实的一切不可超越。不管你持有此观点的时间多长，你都是错的。你可以通过改变自己的态度和习惯来改善自己的生活。

许多人其实应该更为成功，但我们在生活中失去很多，因为我们会安于现状，这比我们能取得的一切少得多。

人们常常在自己生活的周围划了界限，要么就生活在别人强加给他们的局限里。这些局限有些是家人朋友强加的，有些是自己强加的。很多人自己给自己套上限制，认为在一生中不会超越父母，认为自己反应迟钝，认为缺乏别人拥有的潜能和精力，那么无疑就实现不了一些目标。

有个农夫展出一个形同水瓶的南瓜，参观的人见了都啧啧称奇，追问是用什么方法种的。农夫解释说："当南瓜拇指般大小的时候，我便用水瓶罩着它，一旦它把瓶口的空间占满，便停止生长了。"

人也是这样，自我设限，就是把自己关在心中的樊笼，就像水瓶罩住的南瓜一样，等于是放弃给自己成长的机会，成长当然有限。

有这样一位男士，他与妻子相处存在许多问题，妻子经常抱怨他自私、不负责任，从来都没有关心过她。有人问他："为什么你不好好跟妻子沟通？"他回答："我的本性就是这样。没办法，我就是大男人。"这位男士对他行为的解释，是他的自我定义。这源自于过去他一直如此，其实他在说："我在这方面已经定型了，我要继续成为长久以来的那个样子。"人生若保持这种态度，根本就是在扼杀可能的机会，从而给自己留下永远不可改变的问题。

标定自己是何种人——"我一向都是这样，那就是我的本性"，这种态度会加强你的惰性，阻碍成长。因为我们容易把"自我描述"

当作自己不求改变的辩护理由；更重要的是，它帮助你固持一个荒谬的观念：如果做不好，就不要做。

一旦你标定了自我是什么样的人，你就是否认自我。一个人必须去遵守标签上的自我定义时，自我就不存在了。他们不去向这些借口以及其背后的自毁性想法挑战，却只是接受它们，承认自己一直是如此，终将带来自毁。

一个人，描述自己比改变自己容易多了。无论什么时候你要逃避某些事情，或者掩饰人格上的缺陷，总可以用"我一直这样"来为自己辩解。事实上，这些定义用了多次以后，经由心智进入潜意识，你也开始相信自己就是这样，到那时候，你似乎定了型，以后的日子好像注定就是这个样子。无论何时，你一旦出现那些"逃避"的用语，马上大声纠正自己。

把"那就是我"改成"那是以前的我"；

把"我没办法"改成"如果我努力，我就能改变"；

把"那是我的本性"改成"以前那是我的本性"；

任何妨碍成长的"我怎样怎样"，均可改为"我选择怎样怎样"。不要做一个困兽，要冲出自制的樊笼，做一个真正的自我，发挥自己的潜能，才会成为真正的自己。

不良心态解决技巧

暗示是怎样产生力量的

暗示是一种心理影响,它通过使用语言、手势、表情等,把某种概念或结论输入一个人的大脑,使之不加考虑地接受某种意见或做某件事情。

心理学家和精神分析学家均指出,一旦某种想法进入潜意识思维中,脑细胞就会获得信息,从而留下相应的痕迹;潜意识思维会就你一生当中所积累起来的知识和想法进行工作,并产生相应的结果。有心理学家曾经对在催眠状态下的人进行试验,发现一旦人们接受了暗示,潜意识思维就会依据暗示的内容做出相应的回应。比如,心理学家告诉一个正处于催眠状态的人,说他就是美国总统华盛顿,或者说他是一只猫、一条狗的话,那么他的个性特征就会发生暂时性的改变——他相信自己是实验者所说的那个人或者动物。同样的道理,如果某个正处于催眠状态的人被告知说他后背上有条毛毛虫,或者说他鼻子正在流血,或者说他正在一个大冰窖里,那么,他的身体就会做出相应的反应,而对自己的实际情况却视而不见。

在一艘行驶在茫茫大海中的航船上,你走近甲板上一个乘客,他看上去一脸紧张。如果这个时候,你对他说:"你看上去不大对头啊,你脸色苍白得可怕!我看你一定是晕船了,快回舱休息吧!"那位乘客听到你的话,脸色果然会变得苍白,甚至浑身发抖。显然,你的"晕船"这一暗示发挥了作用,乘客将这一暗示与他素有的恐慌与不祥之感联系了起来。他会接受你的提议,乖乖地回到卧舱里躺下来休息。

当然对于同样的暗示,不同的人可能会做出不同的反应,因为各个人潜意识的状态有所不同。就像刚才举的那个例子,如果你对一个正在甲板上站着的水手说:"嘿,老兄,你看起来脸色不太好,是不是晕船了。"对于这样一个消极性的暗示,这位经验丰富的水手肯定会当你是在说笑话。你的暗示也根本不会起什么作用。因为,这个水手从来也没发生过"晕船"的现象。那么你的这个"晕船"的暗示,也就不会给他带来任何恐惧感。所以说,暗示能否真正起作用,全在于当事者的信心与想象程度。

如何开发利用你的潜意识

既然潜意识包括这么多的奥妙,那么我们该如何开发和利用它,以使它得到最大限度的发挥呢?

训练开发潜意识无限的"储蓄"和记忆功能,为你的聪明才智奠定更为广阔、雄厚的基础。

如果你想建造高楼大厦,就必须先储备好各种各样的建筑材料、装修材料、设计图纸、建筑技能、建筑机械、管理指挥技能等。同样,如果你要追求成功,就应该不断地学习新的东西,给你的潜意识不断输入新养料。要想使你的大脑更聪明、更富有智慧、更富于创造性,就必须给潜意识输送更多的相关信息。

为了使你的潜意识"储蓄"功能效率更高,可采取一些辅助性的手段,如重要资料的重复输入,重复性学习,增加记忆功能,建立看得见的信息库,分类保存图书、剪报、笔记、现代的电脑软件等,以便协助潜意识,为你的创造性思维和其他聪明才智服务。

训练对潜意识的控制能力,使它为你的成功服务,而不是把自己的前途导向失败。

如上所说,由于潜意识"是非不分",不管积极的、消极的、好的、坏的,它都统统吸收,并且常常跳过意识而直接支配人的行为,或直接形成人的各种心态,所以,在某种意义上,"成"也是潜意识,"败"也是潜意识。因此,你要训练自己,努力开发利用有益的、积极的、有助于成功的潜意识,对可能导致失败的、消极的潜意识,必须加以严格的控制；你应该珍惜潜意识中原有的积极因素，并不断输入新的、健康的信息资料，使积极的、成功的心态占据统治地位，成为最具优势的潜意识，使之成为支配你的行为的直觉性习惯和"超感"意识。对一切消极的、失败的心态和信息进行控制，不要让它干扰你的正常生活，不要让它进入你的潜意识。

如果遇到消极性信息时，可采取两个办法加以控制：一是立即抑制它，回避它，不要让其"污染"你的思想。对于过去无意中吸收的消极信息，永远也不要提及它，把它遗忘，就让它沉入潜意识的海底好了。二是进行判断性分析，"化腐朽为神奇"。你要用成功的、积极的心态，对它们进行深入分析和评价，化害为利，如同使有毒的草化成肥料一样，把它们变成有益于成功的思想意识。

开发、利用潜意识自动思维创造的智慧性功能，帮助你解决问题，获得创造性灵感。

潜意识蕴藏着人的一生中有意无意间所感知或认知的信息，并且能够将它们自动地排列、组合、分类，产生一些新的信念。所以，你可以给它指令，把各种美好的梦想，把你所碰到的难题转变成清晰的指令，经由意识转到潜意识思维中，然后放松自己的身心，等待它给你答案。

很多时候，我们发现，当某天你冥思苦想一个问题，就是想不出答案。可是，过了一些日子，或者你睡醒一觉，或者你在洗澡时，从大脑中突然"蹦"出一个答案或者灵感。所以，你要随时随地准备好纸和笔，记下所有转瞬即逝的灵感。

归纳起来潜意识有6大特征：

（1）能量巨大；

（2）喜欢带有感情色彩的信息；

（3）不识真假，唯命是从；

（4）易受图像刺激；

（5）记忆性差，需强烈刺激或重复刺激；

（6）心态放松时，各种信息最容易进入潜意识。

为此，美国著名潜意识专家博恩·崔西提出了用"刺激法"激活潜意识的原则，即：

听觉刺激法——当你在恐慌、害怕、缺乏自信的时候，就大喊几声，这可以使你立即恢复信心和力量。声音的力量可以影响你的信念，为你带来积极的效果。

视觉刺激法——在房间里挂起一块"梦想板"，把自己的目标画成图画，剪下并贴在梦想板上，天天观看。这可以时时刺激你的潜意识，使之帮助你达成梦想。

意向刺激法——利用潜意识"不分真假"的原理，在大脑中引导你所希望的成功场景，从而达到替换你的潜意识中负面思想的目的。通过反复的自我暗示，改变自我意象，可以树立必胜的信念，并使自我产生积极的行动，从而达到你预期的目标。

要怎样"做自己的主宰"

成功学界有一句名言："一切成就，一切财富，都始于一个意念。"这里所说的意念可以看作自我暗示。

同样，一切失败，一切贫弱，也都源于你的自我暗示。这就是说，我们每个人习惯于在心理上进行什么样的自我暗示，便决定了自己有什么样的自我意识和心理态度，从而也就导致了自己有什么样的选择和行为以及精神状态，这就是一个人是否弱与强、贫与富、失败与成功的基本原因。

心理暗示像一条奔流急湍的河流，你如果善于引导，就可以控制它的方向，使它进入农田进行浇灌，进入工厂开动机器；或者可以比作一匹奔放在原野上的骏马，你如果你懂得如何驾驭它，你就可以决定它奔跑的方向，让它代替脚力，为你加快行程。

人们常说自己是自己生命的主宰，人何以能主宰自己，最恰当的说明是可以通过自我暗示的方法，向自己的潜意识心智传达命令。通过自我暗示，你可以成为你希望的样子。爱弥儿·柯尔在《心理暗示与自我暗示》书中的一个重要思想，即：主导人的是心理暗示，而不是意志力。

心理暗示包含积极的和消极的两个方面，不同的心理暗示必然会有不同的选择与行为，而不同的选择与行为必然会有不同的结果。

如何有效地运用心理暗示呢？通常来说，使心理暗示发挥作用有以下几个方法。

1. 有意识地重复，直到无意识地重复

一句话，一个表情，运动场上一次投篮，特警面对危险的一次拔枪动作，都能深化到潜意识中。这就是重复的作用。每一次重复，就在你的心理潜意识中输入一个程序。因此，要养成一个良好的习惯，或者说，任何一个好习惯的养成，坚守住我们的一个信念，都要掌握这一规律，那就是不断地自我暗示，不断地重复暗示。

2. 内模拟

当一个人的内心在想什么事时，他的表情会不由地模拟什么，叫作内模拟。

当我们看到别人的优雅谈吐、走路姿势，我们的表情也会内模拟；甚至在比赛中，看到精彩的射门和投篮，表情也会不由自主地内模拟。我们的观想暗示、成功预演就是以内模拟的规律为依据的。

3. 替换定律

科学家研究发现，我们的潜意识只能在同一时间内主导一种感觉。所以，如果你的头脑中满是挥之不去的消极意识，可以给头脑中灌输一种积极的意识代替。许多的科学实验结果证明，正面的暗示能够使我们成功，而负面的暗示则阻碍我们成功。

第7章

每天进步一点点

——好心态让你事业有成

一分耕耘,一分收获。好学的心能够让我们每天收获一点点,如果天天进步,我们数日以后或许就能达到"不可同日而语"的境界。我们或许不是天才,或许没有天赋,可是勤奋好学同样可以助我们登上成功的高峰。即使是一个天才,倘若不学无术,不求进取,恐怕也难成一果。天才都是从勤奋走出来的,好学的心不过是把他天才的一面展示出来。所以说,不管你本质如何,天资聪明或者笨拙,你都需要有好学的心态。

你也可以心想事成

19世纪20年代末,从纽约华尔街开始,一场可怕的经济危机迅速吞噬了整个美国,并且,很快波及了全世界。在萧条的艰难时世中,商人的货物无人问津,失业人口剧烈增加。处于困境中的人们已经极少出门进行娱乐消费了。

经营娱乐业的唐纳这时也未能幸免,对他来讲,这是他一生中受到的真正的,也是最为残酷的打击。没有客人消费,自己的公司就无收入可言,资金也就无法周转,贷款当然无法偿还了。唐纳真的已经到了山穷水尽、濒临破产的境地。

但就在这时,唐纳从一本杂志上发现一张照片,上面是位于纽约百老汇的一家剧院,名叫阿斯陀亚剧院,这是一家以豪华著称的知名剧院,历来是上层人物云集的场所。唐纳一直就非常喜欢它,并梦想着有朝一日能够拥有它,于是,他随手将照片撕了下来,装在了袋里。

不期而然,这成了唐纳的一个梦想,成了支撑他渡过难关的力量,因为对于乐观的唐纳来说,每次看到它都是对自己的一种激励。

1931年,大萧条还在继续。此时已一筹莫展的唐纳为了保住自己多年来苦心经营的成果,只得忍痛将以自己名字命名的心爱的产业"唐纳大剧院"卖给了他的债主。

虽然唐纳此时已一文不名,但他坚信自己的经营能力及经验便是一种无形的巨大财富。唐纳相信:没有他的经营,所谓的"唐纳大剧院"只不过是一具空壳罢了。

果然不出所料,没过多久,他的债主又主动找上门来,邀请唐纳亲自去主持"唐纳大剧院"的经营工作,条件是由唐纳本人掌握1/3的股份。

于是,经过一番周折,唐纳还是保住了自己的部分产业——虽然只有 1/3。

因为心中有梦想，也为了消除资金方面的困难，唐纳又做起了石油生意。幸运的是就在他投资后不久，这场史无前例的大萧条终于结束了，世界经济开始重新复苏。唐纳由于及时投资石油生意，又比别人早走了一大步，因而获得了巨大的利益，他也因此而收回了心爱的"唐纳大剧院"。

在这之后，唐纳已不再满足于只在家乡发展。他先是在西海岸的旧金山买下了两座剧院，在故乡新奥尔良又买了几座。紧接着，他又把眼光集中在了中部地区的大都市芝加哥。积极筹划收购那里号称世界最大的剧院的"芝加哥大剧院"。为了集中精力，他将一批经营不善，或设备陈旧的剧院转手出售，这其中包括当初让他费尽心机才得以保存的"唐纳大剧院"。

在唐纳的事业有了进一步发展之后，他又一次来到芝加哥，在那里兴建另一座剧院。

对此，人们议论纷纷，舆论普遍认为，在一个地区拥有两家剧院，岂不是自己同自己争市场、抢生意吗？这不是在削弱自己的竞争实力吗？但唐纳却不这么看，他有自己的见解。

唐纳说："在像纽约和芝加哥这样庞大的市场里，两家剧院其实是不算多的。更何况，我在芝加哥的两家剧院是不同档次的：一个是经济实惠大众型的，另一个则是高档华贵豪华型的，它们吸引的也是不同层次的客人。纽约的两家剧院也是如此。因此，这样不但不会造成资源浪费，相反，它会加强两者之间的分工与合作，提高整体的竞争力。"

事实证明唐纳的决策是正确的。在这以后，纽约和芝加哥的四家剧院为他带来了滚滚财富，使他一步步踏上了娱乐大亨的宝座。

心想事成从心理学角度来讲，其实是人的意识和潜意识在起作用。

人的心灵有两个主要部分，那就是意识和潜意识。当意识做决定时，潜意识则做好所有的准备。也就是说，意识决定了"做什么"，而潜意识便将"如何做"整理出来。意识好像冰山露出水平线上的一角，而潜意识就是水平线下面很大很深的部分。有这样一个用科学术语对两者做的比喻：人体的神经系统特别是大脑，就相当于电脑的"硬件"，意识就是这部无比精密的电脑的"操作者"，潜意识就等于电脑的"软件"。

明白了意识与潜意识的关系和奥秘，解释"心想事成"也就比较容易了。一个人如果在自己的大脑中设定一个梦想，并且下定决心要将它变成现实，那么，他就会在意识的驱动和潜意识的力量下，跨越前进道路上的重重障碍，他的成功也就有了切实可靠的保障。这就是"心想事成"的秘密。

的确，意识和潜意识操纵着一个人一生的命运。如果意识给潜意识一个目标，潜意识就会为实现这个目标而行动起来；如果意识给潜意识一个指令，潜意识就会认真去执行这个指令。所以说，一个人想着成功，就可能成功；想着失败，就真的可能失败；成功是产生在那些有了成功意识和成功信念的人身上的，而失败则源于那些不自觉地让自己产生失败意识和缺乏信念的人身上。

当然，"心想事成"也是有前提的，神话中所说的"点金石"不可能存在，你所树立的信念，必须建立在你自身及环境条件的基础之上，同时，关键还得要为实现你的梦想而付诸行动；而且，一旦你发现自己的梦想是不切实际、不可能实现的，你就应该及时调整自己的方向，千万不能"不撞南墙不回头"。

放下昨天，才有明天

1940年，娜西亚出生在美国密苏里州的一个小镇上，她是一个私生女。娜西亚慢慢懂事了，发现自己与其他的孩子不一样：她没有爸爸。小伙伴们不愿意跟她一起玩，还有人投来异样的目光。她不知道这是为什么，感到很迷茫。

娜西亚不知道自己的父亲是谁,一直和妈妈相依为命。上小学以后,她仍然遭遇冷眼,许多人鄙视她,认为她是没有教养的孩子。在周围这样的环境下,她变得越来越懦弱,越来越封闭,逃避现实,不愿意和人接触,变得越来越孤僻。她害怕跟妈妈一起到镇上的集市去,因为在那里总能感到有人在背后指指点点:"她是个没有父亲、没有教养的孩子!"

娜西亚14岁那年,镇上来了一个牧师,她的一生从此开始改变了。

一天,其他人都进入教堂以后,娜西亚偷偷地溜了进去,躲在最后排。这时,这位牧师正在讲:"过去不等于未来,即使过去成功了,未来不一定就成功;即使过去失败了,未来也不等于失败。过去的成功或失败,都只是过去的事情,未来是靠现在来决定的。"

牧师的话感动了娜西亚那颗受伤的心灵。

娜西亚听得入迷了,她忘记了时间,也忘记了自卑和怯懦。人都走光了,她还没有觉察。这时牧师已经走到她跟前,温和地问:"你是谁家的孩子?"

娜西亚十多年来最害怕听到这样的话,这句话就像匕首一样,深深地扎进她流着血的幼小的心房。她开始不知所措了,"我……我……"这位牧师好像意识到什么,立刻笑着说:"我已经知道你是谁家的孩子了——你是上帝的孩子。"

牧师抚摸着娜西亚的头,语重心长地继续说:"你和所有的人一样,都是上帝的孩子。过去不等于未来。不论你过去如何,这都不重要。重要的是你对未来必须充满信心和希望。你现在就可以做决定,做你想做的人。孩子,人生最重要的不是你来自哪里,而是你要走向哪里。只要你对未来充满信心和希望,你现在就会有无穷的力量。"

正是牧师的这番话使娜西亚的心态发生了巨大的变化。

若干年后,娜西亚成为一家大公司的总裁。

上面这个故事中出身问题一直困扰着娜西亚,牧师的一句话改变了她,她开始懂得过去的不幸只能是过去,未来是要从现在开始自己努力去创造的。

昨天已经过去，永不复返。人的一生就是一个圆，总沉湎于昨天的人，其人生只能是抱残守缺。因为把目光滞留在昨天，就永远不会有余暇关注今天，更不可能以饱满的热情去创造明天。他们会因步履艰难而在现实的浪潮中沉沦沮丧，或者因贪恋旧日的荣耀而在回忆里溺水死亡。

所以绝不能让昨日的荣耀羁绊你前进的脚步，只有卸下昨日的重担，才能真正把握好今天，轻轻松松地走向美好的明天。

听从内心的呼唤

2001年5月，美国内华达州的麦迪逊中学在入学考试时出了这么一个题目：比尔·盖茨的办公桌上有5只带锁的抽屉，分别贴着财富、兴趣、幸福、荣誉、成功5个标签；盖茨总是只带一把钥匙，而把其他4把锁在抽屉里，请问盖茨带的是哪一把钥匙？其他4把锁在哪一只或哪几只抽屉里？一位刚移民美国的中国学生，恰巧赶上这场考试，看到这个题目后，一下慌了手脚，因为他不知道它到底是一道语文题还是一道数学题。考试结束后，他去问他的担保人——该校的一名理事。理事告诉他，那是一道智能测试题，内容不在书本上，也没有标准答案，每个人都可根据自己的理解自由地回答，但是老师有权根据他的观点给一个分数。

中国学生在这道9分的题上得了5分。老师认为，他没答一个字，至少说明他是诚实的，凭这一点应该给一半以上的分数。让他不能理解的是，他的同桌回答了这个题目，却仅得了1分。同桌的答案是，盖茨带的是财富抽屉上的钥匙，其他的钥匙都锁在这只抽屉里。

后来，这道题通过E-mail被发回国内。这位学生在邮件中对同学说，现在我已知道盖茨带的是哪一把钥匙，凡是回答这把钥匙的，都会得到这位大富豪的肯定和赞赏,你们是否愿意测试一下,说不定从中还会得到一些启发。

同学们到底给出了多少种答案,我们不得而知。但是,据说有一位聪明的同学登上了美国麦迪逊中学的网页,他在该网页上发现了比尔·盖茨给该校的回函。函件上写着这么一句话:在你最感兴趣的事物上,隐藏着你人生的秘密。

成功者的主要快乐源泉之一是有自己的使命,为了自己的使命而工作就意味着真正地生活。个人使命来自内心的呼唤,它是你生存的本质和理由。每个人都能发现自己生活的最初目标,而你的个人使命却可能体现在你的职业中,虽然它不一定非得和你的工作联系在一起。你可以在做义工时、在消遣与爱好以及休闲活动中体现你的个人使命。你发自内心的呼唤可以通过生活的各个方面得以传达,它们包括你的兴趣、你的工作和休闲活动。

温哥华的修女贝思·安·狄龙,就是通过自己最喜欢的篮球运动来体现她的个人使命的。她过着简单的生活,摆脱了物欲的困扰,但是她过得很快乐。自从狄龙爱上了篮球,她就在一所小学做义工,教孩子们打篮球。是篮球运动本身增加了她的快乐,帮助她实现了个人使命。

只有听从自己内心的呼唤,做自己喜欢的事情,才能全力以赴,也才能做得更好。

燃烧成功的欲望

约翰·富勒从5岁就开始工作。他刚懂事的时候,母亲和他说:"我们不应该这么穷下去。我们贫穷主要是因为你爸爸从来没有变得富有的欲望。"这些话在约翰·富勒幼小的心灵深处扎了根,他一心想改变家里的现状,想变得富有起来,并且开始努力为之奋斗。10年后,约翰·富勒接手一家被拍卖的公司,并且还陆续收购了7家公司,他真的成了富人。

约翰·富勒成功的秘诀在哪里？他这样总结："我们家里很穷，但那是因为我父亲从来没有变得富有的欲望。但我不同，我有强烈的变富的欲望。虽然我不是富人的后代，但我可以成为富人的祖先。"

你是否有改变自己的强烈欲望？你为什么总是离成功那么遥远？那是因为你没有成功的强烈的欲望。因为你的欲望有多么强烈，就能爆发出多大的力量，当你有强烈的欲望去改变自己的时候，所有的困难、挫折、阻挠都会为你让路。

找到你自己的驱动力吧，你可以想象欲望对一个人的推动作用有多大。

我们常说："一个人的梦想有多大，他的事业就会有多大。"所谓梦想，不过是欲望的别名而已。

因为欲望，而不甘心，而行动，而成功，这是大多数成功者走过的共同道路。欲望是创业的最大推动力。一个真正的创业者一定是一个有着强烈成功欲望的人。

你也完全可以挖掘生命中巨大的能量，激发你成功的欲望，因为欲望就是力量，是你成功最有力的助推器。

野心有助成功

法国的传媒大亨巴拉昂是以推销装饰肖像画起家的，在不到10年的时间里，他迅速跻身法国50大富豪之列，1998年他因患前列腺癌在法国博比尼医院去世。临终前，他留下遗嘱，将他4.6亿法郎的股份捐赠给博比尼医院，用于前列腺癌的研究，另有100万法郎作为奖赏，奖给那些揭开贫穷之谜的人。

巴拉昂去世后，法国《科西嘉人报》刊登了他的这份遗嘱。遗嘱是这样写的：我曾经是一个穷人，去世时却以一个富人的身份走进天堂之门。现在,我把自己成为富人的秘诀留下,即"穷人最缺少的是什么",找到答案的人将得到我的祝福,并且得到我留在银行私人保险箱里的100万法郎,那是对睿智地揭开贫穷之谜的人的奖赏。

这份遗嘱刊出后,《科西嘉人报》收到了大量的信件,有人说这是报纸为提高发行量在进行炒作。有很多人寄来了自己的答案,这些信件中,有人认为穷人最缺少的就是金钱,有人认为穷人最缺少帮助与关爱,有人认为穷人最缺少的是智慧,也有人认为穷人最缺少的是机会等。总之,答案五花八门,应有尽有。

在巴拉昂逝世一周年纪念日,他的律师和代理人在公证部门的监督下,打开了银行内的私人保险箱,公开了他致富的秘诀:穷人最缺少的是野心。

所有人都感到意外,更让人感到意外的是,一位年仅9岁的女孩却写出了正确答案。为什么只有9岁的女孩能想到穷人最缺少的是野心呢?在接受100万法郎颁奖时小女孩解释了其中的原委,她说:"每次,姐姐把她十一岁的男朋友带回家时,总是警告我说'你不要有野心啊!'所以我想,也许野心可以让人得到自己想要的东西。"

谜底揭开后,整个法国都震动了,并波及英美。一些富人谈论此话题时,也毫不掩饰地说:野心的确是一剂"治贫"良药。

再让我们回顾一下在历史上曾有深远影响的人物。拿破仑在军事院校就读时曾立誓要做一名卓越的统帅并吞并整个欧洲,他的野心可见一斑。成吉思汗早年就扬言:"大地是我的牧场,有雄鹰的地方就有我的铁骑。"

野心是一剂"治贫"良药,也是致富的灵丹。如果一个人追求的只是一种平常、闲适的生活,只是有饭吃、有床睡、有衣穿,当拥有了最基本的物质生活保障时,就停滞不前,不思进取,得过且过,没有任何野心,那他注定不会成为富人,也不会有大作为。

你有野心吗?如果目前还没有,那就该加油了。因为野心有助于成功,是成功的基石。有了野心,并把野心贯彻到底,你走向成功就指日可待。

从恐惧中彻底解脱

轻度的恐惧是人的一种自我保护机制，由于恐惧，人在做事时自然会小心谨慎，也就在客观上给人带来一定的安全，从这个意义上说恐惧也是一种保护。

轻度的恐惧不仅是正常的，而且也并没有什么坏处，而且由于恐惧的存在，人的焦虑情绪也能得到适度的缓解，所以不必刻意掩饰和强行战胜轻度的恐惧，不妨就带着这种恐惧前行。

但是，如果你对什么事情都心存恐惧，做事畏首畏尾，那就要努力克服了。因为恐惧会使你停滞不前，你的目标永远无法实现；恐惧会使你囿于现状，不敢冒险，安于平庸的生活。也许很多次只是由于恐惧，你与机会擦肩而过，但是那样你会永远也无法实现自己的梦想。

亨利·克劳得博士作为一个作家和顾问，在一篇《克服恐惧感》的文章中提到可以采取一些积极的行动来缓解和束缚恐惧感。

1. 多交流

不论你多么恐惧，你都不要一个人扛着，你应该找好朋友、亲人，告诉他们你的恐惧。他们会从旁观者的角度来帮你分析为什么会产生这种恐惧，他们会支持你、鼓励你、帮助你、配合你采取一些有效的行动，从而克服恐惧。

2. 多放松

生活中放松的方法很多，如打太极拳、练瑜伽、散步、郊游等。你也可以试着做做下面这个训练，这种方法叫"渐进放松训练"，是心理治疗中常用的放松方法。首先全身放松，然后把注意力集中在脚趾上，先绷紧该部位的肌肉，坚持一会儿，再放松，体验该部位放松的感觉。接着是小腿、大腿、腹部、臀部、背部、胸部、肩部、上臂、前臂、双手、颈部、面部、头部，循序进行放松。这样把全身各部位都体验一遍，一般这个过程持续 15~30 分钟，整个身体就会进入一种平时不能达到的放松状态。

3. 多充实

充实你的精神生活,因为在紧急情况下,精神层面上的东西可以给你带来无比的安慰。如果你还没有一种信仰或者精神寄托,你可以找有经验的长者谈一谈,或者自己买一本书来阅读。

4. 去面对

无论哪种方法,都需要你面对自己的恐惧。其实恐惧不是来自外界,而是来自自己内心,那么你就要有意识地去面对和解决自身这些问题。记住要从第一步起逐渐开始。例如你对当众讲话很恐惧,就试着循序渐进地克服,你可以先在几个人面前讲话,再主持小规模会议,慢慢地主持一次股东会议等,就这样把整体的事情分成数个小部分,按轻重缓急一步一步去实行,慢慢就会减少恐惧。一般而言,恐惧心理本身也存在着一个衰减的过程,强烈的恐惧在4~6周后随着人的心理承受能力的提高而得到逐步缓解。

一般说来,你如果能坚持进行自我训练,慢慢会摒弃恐惧心理,最后从恐惧中彻底解脱。重塑自己的勇敢和无畏,让恐惧永远止息。

清除颓废的毒素

在字典里"颓废"一词的解释是"意志消沉,精神萎靡"。可见,颓废是一个灰色的字眼,是一个贬义词。

颓废很大程度上是一种气质,是经由一定时期的生活方式和思维习惯培养之后,陷入恶性循环的一种状态,这是一种消极的状态。

也许你曾经颓废过,那是因为你还年轻,不知道自己的道路会怎么样,如何走。年轻的时候颓废是被允许的,但是人应该有进步。如果你一直颓废下去,那就不是好事情了,你有可能永远消沉下去。如果你现在已经是不该再颓废下去的年龄,你就必须积极起来,通过自我重塑摆脱颓废。

你也许因为某件事情不能顺利完成而有些沮丧,也许因为没有实现某种目的而悲观失望,这时的你是否也有些颓废呢?这时你不用惧怕,因为这是暂时的颓废,颓废之后,能使人重新振作精神,投入到新的工作中,而且这时的思想已经有点改变,也就是说,你有可能更注意某些东西。从某种意义上来讲,这时的颓废也许正是改变思想的一条道路呢!关键是看你怎么对待,如果你能尽快地摆脱颓废,把它作为一种改变的契机,那就是好事情;相反,如果你一蹶不振,从此陷入萎靡,那就是坏事情。所以说有时候颓废只是感情中的一种,它会让一个人的内心世界更丰富;有时候颓废却是致命的,会让一个人走向精神崩溃,直至生命完结。

所以陷入一时的颓废并不可怕,可怕的是不去自省和自救,反而习惯了心灵上的自虐,这样只能是更加的颓废。因为任何生机都需要由一种积极进取的精神来支撑,而从某种意义上讲,颓废是扼杀生机的一种毒素。

只有清除这种毒素,你的生命才会生机盎然。用宽容、乐观、积极、爱心来培养一种超脱的精神,这种超脱精神是根治颓废的良药。如果你通过自我塑造达到了这种精神超脱,你也就摆脱了颓废,成为一个积极向上的人,你的工作、你的事业、你的一切都会向积极的方向转变。

击败犹豫的恶习

在面临选择时,犹豫不决的心理是可以理解的。但过分的优柔寡断则会使人产生困惑与迷茫,以至白白失去良机。机会如白驹过隙,如果不能克服犹豫不决的弱点,可能永远也抓不住机会,只有在别人成功时慨叹:"我本来也可以这样的。"

一份分析2 000名在某种事情上失败的人的报告显示,犹豫几乎高居30种失败原因的榜首。

一份分析数百名百万富翁的报告显示，这数百名成功人士之中每人都有迅速下定决心的习惯，而累积财富失败的人则毫无例外，遇事迟疑不决、犹豫再三，就算是终于下了决心也是拖泥带水。

亨利·福特就具有迅速达成确切决定的特质，就是这一特质使得他在所有顾问的反对下，在许多购车者力促他改变的情况下，仍一意孤行，继续制造他有名的T型车（世界上"最难看"的车型），正是这种坚定不移为他赚取了巨额财富。这些财富早在T型车有必要改变造型之前，已使他成为汽车大王。无疑，福特先生有着坚定的决心，做事情毫不迟疑。

如果你遇事犹豫不决，在犹豫的时候，耗费了精力，浪费了时间，有可能错过良机。遇事仓皇失措，举棋不定，没有主意，犹豫不决，是成功最忌讳的态度。

你也许听说过下面这则关于一头可怜的毛驴的寓言：

一头毛驴很幸运，它有两堆草料可以自由选择，然而正是这幸运反倒害了它。

它站在两堆草料中间，开始犹豫不决，到底先吃哪一堆呢？先吃这堆颜色看起来好的，一定很新鲜，不行，不行，还是先吃那堆差一点的吧，不然坏了就浪费了。还是不行，那样新鲜的就变不新鲜了。就这样，它在草堆中间，徘徊着，犹豫着。最终这头可怜的毛驴守着近在嘴边的草料，却活活被饿死了。

假如你有优柔寡断的倾向，你就应该立刻奋起击败这种恶习，因为它足以破坏你各种选择的机会。在你决定做某件事情之前，你应该对各方面情况有所了解，运用全部的常识与理智，慎重考虑，然后做出一个决定。决定一经做出，就不要轻易反悔，必须坚持。养成决断的习惯，你会受益无穷。一旦你在这方面重新塑造了自己，你就能对自己增强信心，也能得到别人的信任。犹豫不决，对于一个人品格的锻炼，是致命的打击。有这种倾向的人，基本上不会是有毅力的人。这种致命的弱点，足以破坏你对自己的信赖，破坏你的判断能力，破坏你的决策能力。

很多时候犹豫不决是因为缺乏勇气。无论做什么事情都要有一股破釜沉舟的勇气,都要有一种"不入虎穴,焉得虎子"的冒险精神。

要成就事业,必须学会果断决策,因为犹豫是成功的大敌。它会使人失去成功机会。俗话说得好:"机不可失,时不再来。"有的人就是因为患得患失、优柔寡断而错失良机,结果呢?机会就风驰电掣般地从你身边溜掉,等待你的就只有后悔和失望了。为什么很多人永远到达不了成功的彼岸呢?原因就在于他太优柔寡断。当危险逼近时,善于抓住时机迎头猛击它要比犹豫躲闪它更有利。因为犹豫的结果恰恰是错过了制伏它的时机。

如果你什么事都等待,犹豫不决,那在徘徊和等待中就浪费了时间也失去了机会。你要在遇到困难、两难或者紧急的情况下,能够迅速、合理、不失时机地采取必要的果断的措施,才能坚决、顺利地解决问题。

果断的力量是一切力量中的决定力量。假如你没有这种力量,那你的一生就会像漂荡在海中的孤舟,永远靠不了成功的彼岸。所以要培养这种力量,塑造这种品质,那样犹豫就不会再光顾你,果断地做事情,你的自我重塑也就成功了,你已经是一个成功者了。

不良心态解决技巧

怎样在短时间内把事情做好

制定行动进度表,能使你系统地了解整个计划,那是积累经验的好办法,请别忘了考虑一下其他的成果,做到一举数得,才是真正好的计划。

根据进度表,虽然小细节不需你操心,但了解全盘情况则是你的责任。还有,请考虑各个方面的反应,对执行者的表现表示一下欣赏。一件任务的成功,是不可能只归功于你一个人的!

怎样才能在短促的时间内,把工作做得最好?

(1)不管你面对的工作怎样艰巨,都保持心平气和,集中精力,把自己需要完成的事情都记录下来。

(2)把整件工作划分为几个独立完成的部分,每个部分又分成多个容易解决的步骤,使工作变得有条理,方便自己着手进行。

(3)每天为自己制定出先完成的工作目标,并且分先后次序,一切依照计划进行。

(4)把较为复杂又艰巨的工作,放在最先完成,这样可帮助你减轻工作的压力,发挥你的潜能。

(5)把你已经完成的步骤记下来,再看看你还有什么需要改进的地方。

(6)为每一个独立步骤定下最后完成的期限,不论在什么情况下,都不要让自己拖慢工作的进度。

(7)不要只顾工作,忘了常反省一下,要知道一味埋头苦干会迷失方向,而自己却不知道。

提高工作效率的 4 种方法

老板想要员工高效工作，员工同样希望能高效认真地完成自己的工作，多锻炼自己，提高自己在公司的地位，为自己的发展奠定良好的基础。那么，如何才能高效率地工作呢？

1.激励自我

为了达到工作目标，时间管理者可以事先给自己订下一个奖惩措施。例如，每完成一项工作任务，就为自己记上一笔，等到完成若干笔时，就批准通过这次"五一"旅游。或者奖励自己和同事、朋友聚餐一次。若是工作完成不了，你必须惩罚。例如，你可以罚自己一个月不能抽烟，或者罚自己每天做家务，或者每天罚跑 1 000 米等。只有执行这些奖罚分明的措施，你才能使自己真正地振作起来，并全力以赴地去完成工作。

如果你实在担心自己不能按时完成工作，你可以主动找个同事或朋友，做个约定或打个赌。譬如，你可以跟你的朋友说："如果到下个星期三为止，我还没有把这件事搞定，我请你到饭店吃一顿。"这是个很好的激励方法，不仅仅是看在请客的压力上，你的朋友无形中就成了你的鞭策力，因为你不想让朋友对你失望。这样你就会加倍努力来完成这项工作，效率自然提高。

2.全力以赴地冲刺

任何时间管理者都明白：做事情时全力猛攻，任何困难都可以解决。所以，善用时间者在任何时候都在向时间的终点全力冲刺。你在决定几点钟之前做什么，在这个时间到来之前毫不松懈地干到最后。以工作时间为例吧：如果五点钟下班，那么在表的指针完全指向五点以前要全力以赴地对待工作，五点以后再做回家的准备，这才是正确的工作姿态。如果没有完全地实行这个做法，则不能说明你比他人更有效地利用了时间。

一个成熟的、高利润的企业，应该是在下班时间之前大家都在全力拼搏，作为一个时间管理者，对这一点要好好加以指导。

3. 只做自己该做的事

每个人的精力都是有限的,所以做事首先要考虑自己的职责范围,该你做的事要努力去做,不该你做的事就不要去多管。因此,如果你是位领导,就要善于授权,让秘书把你的副手或下属有权处理而且有能力处理好的事,一律交给他们去办,你只听取他们处理结果的汇报。如果你是位普通的职员,那就只处理自己职权范围内的事。有的人特爱管闲事、爱打听闲事,不是自己职权范围内的事也要伸手去管。自己的本职工作搞不好,反而到处为别人操心,这样,只会舍本逐末。

4. 采取快捷的工作方式

完成一件工作可以采取多种方式。如果一生都能采取快捷的方式去工作,将不知节省多少时间。比如,通知各个部门召开一个会议,你是一个个打电话通知,还是写信或发传真?显然这里写信的方式最慢,传真和打电话同样快。如果打电话,受话人不在办公室,你还需要再联系,半天后才找到受话人,还是没达到快捷的目的。如果发传真,无论受话人在不在办公室,他回到写字台时都会看到,可以节省再次打电话找受话人所浪费的时间。在生活中,完成同样的工作,高效工作者总是善于动脑子,能比别人快捷迅速地完成同样的任务。

在完成一项任务之前,我们根据什么原则选择出快捷的方式呢?一般来说不外乎依据客观事物的规律,任务的轻重缓急,自己所处的环境,以及自己和对方所拥有的交通和通信条件来选择最佳方式。比如,到外地出差乘坐飞机最快,但从北京到石家庄,乘飞机就没有乘小轿车快。因为从市内到首都机场乘车需40分钟左右,再加上候机、办理登机手续、安全检查、登机又需要几十分钟,甚至一个小时。飞机在石家庄机场降落后,从机场乘车到市内又需几十分钟。从出机场门到抵达出差的目的地最少也得3个多小时。万一飞机晚点,那就更没准了。如果乘车走高速路的话,3个小时就能到石家庄。所以说,什么方法最快捷要视具体情况而定,聪明的人随机应变、机动灵活地做出正确的选择。

把 24 小时变成 48 小时的办法

时间就是上帝给你做事的资本。命运之神是公平的,他给每个人的时间都不多不少;但成功女神却是挑剔的,她只让那些能把 24 小时变成 48 小时的人接近她。下面就是她的助手时间使者透露出来的成功秘籍。

1. "效能"重于"效率"

现今,老式的"效率专家"的时代早已经过去了。今天的管理专家多从"效能"来入手,因为"效能"是一个含义更广、更有用的概念。

"效率"重视的是做一件工作的最好方法。"效能"则重视时间的最佳利用。例如,为了即将召开的一次会议,你有一份必须打电话通知的名单。如果你从效率观点来看,就会想什么时候打电话给他们是最好的时机,是不是要把他们的名字放入自动拨号卡片上以节省时间,这张名单是否是最新的正确资料等。但是,如果你从效能观点来看,你就会问自己,打电话给这些人,是不是把时间做最佳的运用,你也许会考虑另一种联络方法;也许考虑把打电话的事派给别人做;或把会议完全取消掉,好把时间用在更有用的地方。

健全的时间管理,应该以效能优先、效率次之的观念为出发点。

2. 灵活运用帕累托法则

19 世纪末期与 20 世纪初期的意大利经济学家兼社会学家帕累托所提出的帕累托法则的大意是:在任何特定群体中,重要的因子通常只占少数,而不重要的因子则占多数,因此只要能控制具有重要性的少数因子即能控制全局。这个法则经过多年的演化,已变成当今管理学界所熟知的"80/20"法则——即 80% 的效果是来自 20% 的因子,其余的 20% 的效果则来自 80% 的因子。

例如,占所有人口不到 20% 的人,其所犯的罪占所有犯罪案的 80% 以上,占全公司人数不到 20% 的业务员,其营业额为营业总额的 80% 以上等这些情形。只需集中处理工作中比较重要的 20% 的那部分,就可以解决全部的80%。因此，若不先从重要的事开始，结果会演变成什么正事也没做。打算全部完成的完美主义者，往往到最后什么也没做好。

你只要能熟练应用这个80比20法则，事情中过多的烦恼就会消失。你要尽可能地先处理重要的事，而不必将所有的事情一视同仁地处理完成。即使剩下的事到后来出了什么麻烦，也不会影响到全局。

3.善于利用零碎的时间

成功的时间管理者想把任何一个空闲时刻都利用起来。

将利用零碎时间养成一个习惯，就是在衣袋里或手提包里，经常不忘携带一些东西，如图书、笔和小记事本，这样你就可以在排队时，在候机时，在乘公交车上下班时，不会无所事事地空耗时间了。

零碎时间的利用也包括用一些"非正规"的时间去做一些事。例如上洗手间，宋代欧阳修就着意利用"如厕"时间。据说国外有一位首相就是利用"如厕"时间学习英语的。他每次从英语词典上撕下一页，然后进"1号"。上完"1"号，这一页也读完、记住了，于是把这一页送入下水道。他就是这样学完了一大本英语词典。

4.少说废话

名人之所以能成为名人，伟人之所以能成为伟人，有一个共同点，那就是：他们都能很好地运筹自己的时间，他们都懂得一切从现在做起的道理。

在时间的运用上，成功人士非常认真地对待每一分每一秒，尤其是当前的时间利用，而不是将时间用在许多的大话、空话或者是无期望达到的计划上。

一位青年人向爱因斯坦询问道："先生，您认为成功人士是如何成功的，有无秘诀？"爱因斯坦非常认真地告诉他："成功等于少说废话，加上多干实事。"

爱因斯坦的话，听起来很简单，但是如果我们细想一下，就能领会到这其中的道理。爱因斯坦其实是想告诉这位青年人，不要把时间浪费在一些无聊的闲扯之中，而要抓住现在的每分每秒，做一些确实有用的事情，坚持下去，成功就不远了。

5. 挤出点滴时间

时间对于每个人来说都是公平无私的，只要你愿意，就放开地去挖掘时间的潜力，扩大时间的容量，用挤出来的时间去实现更高的梦想。

我们每天只要挤出微不足道的1分钟，一年就可以挤出大约6小时的时间。如果每天能挤出10分钟，那就是相当可观的一个数字了。一周工作5天，每天工作时间为8小时，而一天中再挤出10分钟，那么一年就可以增加5天多的工作时间。再者，即使再忙，每天可支配的零星时间至少有2小时。如果你从20岁工作到60岁退休，每天能挤出2小时，有计划地从事某一项有意义的工作，那么，加起来就可达到29 200小时，即3 650个工作日。整整10个年头！这是一个多么诱人的数字，足可以干一番事业。难怪发明家爱迪生在他79岁时，就宣称自己是135岁的人了。由此可见，时间的弹性是很大的，只要我们善于挤时间，便能大大增加时间的容量。

6. 灵活应用松散时间

这里所讲的松散时间，是指人们的大量工作时间处于很松弛的时候。比如工作的压力不大，工作性质决定了工作本身不需要投入过多的精力。那么这种情况下就应当考虑如何有效利用这些时间。

比如，李女士在行政机关单位上班，她每天的工作就是接一接电话，分发报纸信件，以及通知别人各有关事项。工作虽然轻松，但时间却不能少花，每天早晨8点钟就要上班，中午12点按时下班。下午2点上班，一直到晚上6点才下班。

对于李女士来说，这些工作量不大，做起来不很费力气。真正把工作量压缩起来，一两个小时就能做完。但是，行政机关的工作性质决定了她必须按点坐班。另外，随时都可能有电话来通知事情。这样李女士只能寸步不离地待在办公室。

为了有效地利用好这些空闲的时间，李女士在工作不受影响的情况下,学习了自学考试的课程,在两年的时间内就拿下了大学本科考试的结业证。

在人们的一天工作或生活中,不可能每时每刻的时间都处于紧张的状态。根据人们从事的工作,有的需要集中精力,注意力高度紧张,才能完成。而有的工作不需过于集中精力,只要稍微注意即可。而且在一天的工作中,每个时候的工作要求也是不一样的,有时可以适当放松一下紧张的神经。那么这些松散时间就需要进行合理安排。

活用下班后业余时间的技巧

下班后的这一段时间,一般是用来处理一些家庭的事情,以及朋友间的应酬。这其中,也有一定的时间管理方法。

1. 下班途中巧休息

从家中赶上班和从上班地点赶回家的感觉是完全不同的。在回家的途中,头脑会异常的混乱,感觉像装满了东西一样。因而这段时间里,如果强迫自己再去做一些费脑筋的事情,效率是无从谈起的。

因此,只要安静地坐在车上,让大脑得到休息,或者干脆小睡一会儿。如果在路上花的时间较长,那么适当休息之后,可以像过电影一样,将一天中的工作"放映"一遍,看看有无漏掉的工作未做,也许现在发现,还可以用电话弥补。

同时,可以考虑一下回家的安排,如打算如何与家人共度晚餐,或者邀请朋友一起吃晚餐。如果打算请朋友吃晚饭,则可以打电话与其联系,以便回家之后,能做好准备。最好不要将满身的疲惫带回家。

2. 多多运用影像刻录工具巧娱乐

在如今忙碌的社会中,很多人认为看电视、看电影的时间很难有空。但是,你可以请家人将自己喜欢看的电视节目录下来,等自己有时间坐下来时,就可以看一看这些录像带。当然这种录像带的效果也许不如电视直接播放的好,但是,时间管理者却能欣赏到自己喜欢的电视节目,而且不必花时间去等候电视节目的开播,以及中间的广告时间,还是大有好处的。

同样，用这种方法，时间管理者还能够欣赏到一些艺术价值很高的电影。比如，在闲暇的若干小时内，将买回来的3D电影播放出来，这样就省去了排队买票和进出场的时间，以及与其相关的各种时间。

运用这种看电视和电影的方法，时间管理者就不必担心自己与时尚离得很远，而是能够主动地掌握看电视和电影的时间。当别人谈论某个电影时，或者当有人问你喜欢什么电视节目时，你也可以淋漓尽致地进行一番评论，向别人和自己证明，你并没有因为工作忙而毫无休闲娱乐，而且并不闭塞你的生活圈子。

3. 参加交际讲技巧

交际活动是时间管理者生活中不可缺少的部分。朋友之间就需要经常联络，聚会宴请之类的事情自然少不了。而这类活动通常都安排在晚餐时间。

但是，在交际活动中，也需要有时间观念。有一些时间管理者喜欢在聚会时开怀畅饮，而且不醉不休，这其实是一种很浪费时间的做法。

当然，偶尔的醉酒，是很难免的。一些特殊的情况下，不喝酒实在不行时，时间管理者也就只有奉陪。但是，一般情况下，不应当喝醉。尤其是常见面的好朋友之间聚会时，更没有必要相互斗酒。因为好朋友之间不需要依靠酒来联络感情。

在与人交谈时，当然是交流思想、获取信息的好机会。与不同职业、不同年龄、不同领域的人打交道，可以给时间管理者省去很多的学习时间。真所谓"听君一席话，胜读十年书"，许多时候时间管理者的成功是由别人无意中说出的信息而最后促成的。

交际时间应当自己把握好。在正式交际场合，出于礼貌，应当是在聚会或宴请结束之后，才能告退。但是，当然也有不同的情况出现。在相互都很熟的朋友之间，如果时间管理者感到时间紧迫，手头尚有大堆事情需解决，就可以向朋友讲清楚，先行告辞。如果所碰到的人不容你讲道理，一味地强行不让你回家，或者你是一个比较腼腆的人，不好意思说出你想告辞的意思，但又感到如坐针毡，那么，你可以让你的家人帮助你，让家人打电话过来，说家里有急事，要你立刻回家，这样你便可以名正言顺地回家，而不会给别人留下不好的印象。

利用空当时间的技巧

你注意到没有，在你的周围还有许多"空当时间"。比如，等人的时间、等车的时间、上下班的时间、开会前的等候时间、排队的时间、工作交接班的过渡时间、煮饭的时间、烧菜的时间、在公用电话亭排队打电话的时间、坐车的时间等，都可以说是空当时间。

空当时间都比较零星，但积累起来的时间总量却是很惊人的。我们每天所碰到的空当时间实在太多了。要充分利用时间，就不能忽略空当时间的利用。

如果将空当时间用来做一些重要的小事，不但会趣味横生，还会让你有意外的收获！

1. 读书

美国某效率研究专家提倡"25分钟读书法"。他经研究后发现人的注意力可以持续集中的时间限度是25分钟，他认为每天只读25分钟书，是最有效的学习方法。

假如我们每天把25分钟的片断时间，比如在等车、等人、等开会的时间，用来读书的话，能读多少书呢？如果用速读法来读的话，无论是谁在25分钟之内都可以读20页。坚持下去，一个月可以读600页，即可以读2本300页的图书，3本200页的图书。

一个月读2本书，一年就是24本书；一个月读3本书，一年就是36本书。多么诱人的效果啊！要是一个人能在一年内读这么多的自己专业范围内的书，恐怕他会成为一个屈指可数的读书家。

2. 写卡片或写信

在当今全面网络化的时代，收到别人的手写"真迹"是何等感动的一件事啊。如果我们在随身携带的包中放几张卡片或几张信纸，只要

3分钟就能给家人、亲友一个意外的惊喜，因为写的一定比讲的更有感情，达到花费最省，而又最能沟通感情的效果，何乐而不为？

3. 打电话

趁着空当，拿出通讯录，专挑多年不见的老友致以问候，想到对方那种"被记得"的感动，就算打长途电话都值得。

4. 算账

很多家庭都实行记账开销，主妇的袋子里随时放着小账本。利用等车的零碎时间，可以做一次账本小结，保证省下许多力气，又能随时掌握家庭的开支情况。

5. 检查备忘录

经常有约会的人士一定要抓住一些空当时间，检查一下备忘录，以免大意而遗忘一些小事或约会。同时也可以盘算一下，什么时候能与家人一起度假。这样就不必再专门花时间做这些事了。

6. 反省

大家都知道反省的重要性，它可以使我们对自己、对社会、对人类都更加了解，也可以使我们更加聪明。多进行一些反省，就会少出一些差错。

但是，现代人好像把反省当作一个单独的重要事情，一定要在特定时机，特定场合才会反省。也许还要搭上正常的工作时间。

事实上，在忙碌之余的空闲的几分钟内，也可以对刚刚发生的事进行一下即时反思，这样也许会更加有效，更加及时。

7. 视听休闲

利用闲下来的几分钟或十几分钟，进行视听休闲，也许会有一些意外的收获。听听演讲录音带、音乐CD或看看杂志，如球类、音响、电脑、时装、家居生活、汽车等，既可调剂轻松身心，又可增长见闻。

在许多公共场所都有可以免费翻阅的书刊以用来打发时间。

节约交际时间的妙招

作为现实社会中的人,我们都需要生活中的好朋友,与这些朋友的交往可以使我们获得精神上的享受和心理上的安慰,同时还可以在事业上相互鼓励和促进。

但是,人际交往必然要花一定的交际时间,比如仅仅是相互间的约会见面,就要占去不少时间。我们如果不懂得节约交际时间的技巧,无疑会浪费许多不必浪费的时间,从而影响一些工作的正常运行。

因此,我们必须学会各种节约交际时间的妙招。

1. 充分运用现代通信工具

新时代的人在面临众多复杂的社会交往时,谁能够运用现代化的通信工具,谁就能最先抢占市场。因此从时间效率的方面来考虑,就要大量地采用电子通信工具,如用传真机及时发出商机信息,用电子邮件瞬时掌握市场行情等。

在与朋友们交往时,也能通过电子邮件、手机来进行联络。例如逢年过节的时候,给朋友发一个短信祝贺节日愉快,不也是维系感情的纽带吗?

朋友遇到麻烦,如你不能亲自前往,可给他打个电话安慰一下,或者帮助他想办法解决,同样也体现了对朋友的情谊和责任。

时间管理者在交际时,能够使用现代通信工具解决的,应当尽量使用现代通信工具,以便为你的工作提供更多的宝贵时间。

2. 一次性请多位朋友聚会

在社交过程中,成功的人结识的朋友会很多,有商业上的朋友、有同学、有老乡等。朋友之间需要经常加强联系,才能保持良好的感情,当你遇到困难时,才会有挺身而出帮助解决问题的朋友。因而朋友是需要广泛结交的。相应地,朋友多了,花在与朋友交往上的时间也就多了。

如果能一次性召集多位朋友,一起吃饭或者外出游玩,就能比一个一个朋友分别交往所花的时间要少得多。

有这样一个例子。小王是一家技术产品销售公司的业务员。由于工作的关系，以及小王乐观开朗的性格，他结交了很多朋友。经常有朋友邀请他吃饭，或者去他家里作客。因而小王渐渐地感到花在与朋友应酬上的时间太多了。

于是，小王就主动在周末的时候，一次性地邀请若干位朋友去他家。朋友间热情地交谈，有时是互相提供业务机会，有时是互相鼓励，有时是各谈理想。这样一来，就节省了逐一与朋友交往的时间，而且多位朋友在一起，能够迸发出更多的智慧火花。

3. 拜访别人的省时方法

你去拜访别人时，也许你并不想待过长的时间，想把事情说完之后就离开。但是由于你不好意思说出告辞，而对方又在不停地向你述说一些你并不乐意听的事情。这种情况，你可能要花费很长的无聊时间，终于下定决心才能离开。这就是一种时间浪费。

如果你具有时间观念的话，在拜访别人时，就事先申明你要耽误对方多长时间。例如你可以说："对不起，我另外还有急事要去做，只耽误您半个小时。"这样说的话，对方即使想拉着你说话，也会不好意思。

当你所要谈的事情说完了，半个小时也已经到了。你应该主动地说："不好意思，不打搅您了。我也有急事去做，您如果还有事，我们改日再约个时间，好吗？"

这样，你的话一定能起作用，使你的拜访能按时结束，以便你能有自由的时间去处理别的事情。

4. 委婉打发访客

有客来访，这也是常有的事。有的客人来访之前，会主动预约并定时，这是一个很好的习惯。主人可以根据客人来访的时间，来确定自己的时间，并做好安排。

不可避免，有的客人却是不期而至，这样不仅打乱了主人的时间安排，还有可能碰到主人不方便的时间。比如，主人手头正有要紧事情在处理，或者身体不佳的时候。

而且，有的客人也不顾主人的时间是否紧迫，待在主人家里滔滔不绝毫无要走的意思。主人出于礼貌的原因，不好意思向客人说明让其告辞，因而为了陪客人，主人只能牺牲自己的宝贵时间。

事实上，对于一个优秀的时间管理者来说，不能轻易地浪费一刻宝贵的工作时间，在面对这种情况时，要积极采取策略，对来访的客人合情合理地说出："对不起，我的工作实在太忙了，如果我能有你那么能干的话，就不需要加班加点了。请原谅，我不能陪你了，你请自便，把这儿当作你的家一样。"

相信当你说完这番话之后，对方一定会很知趣地告辞。并且对方也会对你如此珍惜时间留下深刻印象。对方一定会理解你、支持你，并欣赏你。

第8章
你在为自己工作
——好心态助你前程似锦

　　无论你在什么样的公司工作,都要把自己当作公司的主人,而不是为老板工作的仆人。要知道,你不是在为老板打工,而是在为自己打工。当你具备做主人的心态时,你就会把公司的事当作自己的事来做,你离成功也就越来越近。事实上,把公司当作自己的,能够让你拥有更大的挥洒空间,更多的实践和锻炼的机会;为自己工作,能够让你在工作岗位上更主动、更积极地处理各项事务,为自己不断开发创新工作机会和发展空间。

人需要有一种务实的态度

五代十国时，石敬瑭去世前，学习刘备白帝托孤，让冯道辅助自己的小儿子石重睿登基。但是冯道并没有那么做，反而出迎石重贵。在做人上冯道是有愧于石敬瑭的重托，但是在国家大义上冯道绝对没有做错。因为当时的后晋正是多事之秋，如果不迎立长君，很有可能引起内乱。况且那些地方诸侯各个都掌握着兵权，随时都可能以奸臣当道为由，打着清君侧的旗号来篡位。冯道明白石敬瑭爱子的苦心，希望爱子能够登基为帝。但是他立一个小孩子，实际上是把这个孩子往火坑里推。如果地方诸侯谋反篡位，这个小皇帝只有被杀的命运。一个人拥有盛名，而没有和他相匹配的地位，那么他就危险了。冯道明白这个道理，于是舍弃了幼主，从这点上来讲，石敬瑭是应该感谢冯道的。

冯道是比较务实的一个人。当李从厚逃亡，李从珂进逼都城的时候，以封建朝代忠臣的标准来看，似乎在这个时候，冯道要么就应该追随李从厚而去，要么就在李从珂面前自杀。但冯道这两样都没有选择，他知道跟随李从厚去是没有前途的，而在李从珂面前自杀于国家无益，于自己的家庭更是重大伤害，所以他同样没有选择，在这一点上他是绝对明智的。

冯道从来没有把自己想象成为救世主，认为国家有难，作为臣子的应该死节。在他的世界观中，他坚持认为做好自己本分的工作就足够了，至于君王弄权、胡乱猜忌而丢失了国家那是君王自己的事情。况且他承认天下是百姓的天下，国家是百姓的国家，因此即使朝代更迭，所丢失的也只是君王的国家，而不会是百姓的国家，百姓的国家是永远存在的。

人们要想在社会上生存，就必须有一种务实的态度，能做就是能做，不能做学着去做。千万不要不能做却偏偏要求扛大梁。曾经看过很多关于成功学的故事，故事中的主人公无一例外都是做自己根本做不到的事情，最后却获得了成功。这样的事情都只是故事。如果哪个人真的为这样的故事所煽动，真的去做自己根本就做不到的事情，那么很容易会遭遇失败。

培养对工作的兴趣和热情

通用电气公司的最高主管韦尔奇连续数年被英国一份杂志评为最受推崇的企业家，他把通用电气公司由一家庞大僵化的企业变成了"最具竞争力的企业"。

一次，韦尔奇找一个部门的主管来开会，在韦尔奇心中，这个部门虽有盈利，但还可以表现得更好。韦尔奇提出了自己的看法，但那位主管不大了解他的意思，只是一味地说："请看看我的收益，看看我的投资回报率，我选用的人，我做的事……"韦尔奇希望这位主管能明白他只是希望他对工作再多一点激情，再投入一点，这样就更有利于控制时间，提高效率，但这位主管仍一头雾水。

最后，韦尔奇干脆给他一个建议："我要你做的，就是休假一个月，放下一切，等你再回来时，变得就像刚接下这个职位，而不是已经做了4年。"

事情的发展果真如此，那位主管回来后精神焕发，把时间安排得井井有条，部门效益也明显提高了。韦尔奇通过这种措施，不但使各部门员工增强了工作的积极性，用饱满的精力去投入到工作中，又大大地节约了时间，取得了丰硕的成果。

在任何情形之下，你都不可以对工作产生厌恶感。这是最坏的事。若你为环境所迫，只能做些无趣的工作，你也要努力设法从这乏味的工作中找出些乐趣、意义来。要知道只要是应当做而又必须做的工作，不可能完全无意义。这由你对待工作的精神状态好坏而定。良好的精神，会使一切工作都成为有意义、有趣味的工作。

若你认为你的工作是乏味的,那你厌恶的心理、厌倦的念头就会导致你的失败。乐观、积极、热忱的心理,才是吸引成功与幸福的磁石。

无论什么工作,只要是为社会所尊崇的,都具有无上的神圣性。只要是有利于人类的工作,都不是卑贱、可耻的。只要聚精会神,工作上的厌恶、痛苦的感觉,就会消失。不明白这个秘诀的人,也不会懂得获得成功与幸福的方法。

卡耐基说:"如果一个人不能从工作中找出乐趣,那不是工作本身枯燥的缘故,而是他自己不懂得工作的艺术。"

这真是一句至理名言,一个人对于工作感到没有兴趣或苦闷,都是由于他自己的缘故,并不是工作本身所造成的。

人生下来就要去做一名竞争的选手。当你加入这种盛大的竞赛中,你的对手到处都是,没有一件事情不是竞争的项目。应该把生活、事业看作是一种永远的战斗,每天都要克服种种困难,每天早上,一睁开眼睛,就能看见胜利的机会,它们随时能让你获取胜利,只要你不放弃竞赛的权利!

成为老板需要的人

汤姆是一家纺织公司的销售代表,对自己的销售纪录引以为豪。曾有几次,他向他的老板琼斯解释说,他如何如何卖力工作,劝说一位服装制造商向公司订货。可是,琼斯只是点点头,淡淡地表示赞同。最后,汤姆鼓起勇气问道:"我们的业务是销售纺织品,不是吗?难道您不喜欢我的客户?"

琼斯和他的态度一样,直视着他,答道:"汤姆,你把精力放在一个小小的制造商身上,可他耗费了我们太大的精力。请把注意力盯在一次可订3 000码货物的大客户身上!"汤姆得到信息后,他把手中较小的客户交给一位经纪人。虽然他只收到少量的佣金,但更重要的是:他正在努力实现他的目标——找到主要客户。

和老板的目标一致,才能得到老板的重用。

一位负责家用电器连锁店的副经理,他和他的老板都认为:如果扩大连锁店的经营规模,生意便可扩大2倍。但老板还是有些犹豫不定,因为老板还难以确定经营管理的前景,即规模扩大能否带来适当的回报。在一次地区销售会上,这位副经理兴奋地说:"工作开展得不错,连锁店生意兴旺。多数经理们也许常常抱怨不能把所有商品和用户塞进如此狭小的空间,而我们,上周几乎把电视机直接从运货车上卖掉。如果有更大的地方,我们的销售额一定会增长,我们是在现有的条件下全力以赴进行工作的。"几周之后,老板为他所在的连锁店增加了一间侧厅。正如预计的那样,销售量迅速增长,老板对他的杰出业绩给予了高度评价。

杰克是一位国际市场部总经理助理,他接到了一项紧急任务:根据老板的笔记,准备好业务进展曲线图表。起草图表时,他注意到老板写道:"美元坚挺,则出口就会增加。"杰克知道,事实恰恰相反。于是,便通报老板,告知已经纠正了这一错误。老板很感谢杰克发觉了他的疏忽。当第二天向上呈报未出丝毫纰漏后,老板对杰克做出的努力再次道谢,不久,杰克发现自己的薪酬有所增加。

老板并非全才,在工作中他会遇到许多难题。这些难题也许不是你的分内工作,可是这些难题的存在却阻碍着团队的前进,如果你能够帮助老板解决这些难题,无疑,你在成功的道路上会进展得更快。

不要责怪老板薄情寡义。一个企业要想长期发展,仅仅依靠员工的忠诚是不够的。一个成功的老板背后,必须有一群能力卓越、忠心耿耿且业绩突出的员工。没有这些成功的员工,老板的辉煌事业将无法继续下去。所以,老板看重忠诚,也看重业绩,这是必然的。

一个成功学家曾聘用2名年轻女孩当助手,替他拆阅、分类信件,薪水与相关工作的人相同。2个女孩均忠心耿耿。但其中一个虽忠心有余,却粗心、懒惰,能力不足,就连分内之事也常不能做好,结果遭解雇。

另外一个女孩却常不计报酬地干一些并非自己分内的工作,譬如替老板给读者回信等。她认真研究成功学家的语言风格,以至于这些回信和老板自己写的一样好,有时甚至更好。她一直坚持这样做,并不在意老板是否注意到自己的努力。终于有一天,成功学家的秘书因故辞职,在挑选合适人选时,老板自然而然地想到了这个女孩。

故事并没有结束。这位女孩能力如此优秀,引起了更多人的关注,其他公司纷纷提供更好的职位邀请她加盟。为了挽留她,成功学家多次提高她的薪水,与最初当一名普通文员时相比,已经高出了4倍。尽管如此,做老板的仍深感抱歉,因其出色的业绩远非提高4倍的薪水所能匹配的。

"带不走的是关系,带得走的是能力",一个人在任何地方,关系可能带不走,但是能力带得走。友好合作强调的虽然是关系,但是与能力相比,关系远远不如它重要。在这一点上,与友好合作的初衷一点都不矛盾,因为如果一个人把关系看得太重,那么他用能力、用自己的实力作为对话的本钱就会很少,相应地,他所需的关系就会变得比较简单。能力越小,关系越薄。

缺少能力做后盾,你就连对话的本钱都没有了,你凭什么去搞关系?所以,对于新进员工来说,一定要将自己的立足点放在自身能力的培养上,有了过硬的能力,才能为良好的关系打下基础,才能实现友好合作。

对员工而言,通过一系列财务数据反映出来的工作业绩,最能证明你的工作能力,显示你过人的魄力,体现你的个人价值。

总之,你千万不要以为自己的忠诚获得了老板的认可,就有理由保证自己不被列入裁员的名单中。仅靠忠诚获得老板的欢心,只能是暂时的。出色的业绩,对老板才最具诱惑力,才是你立于不败之地的真正王牌。

工作要从基层做起

"万丈高楼平地起",任何事业都要从基层做起。一个人要想搞懂一门生意最好从底层起步,当他往上升的时候,才会搞清整个工作程序。洛克菲勒年轻时的经历就充分说明了这一点。

洛克菲勒去一家公司参加求职面试时,一位人事官员问他:"你想找个什么样的工作?"

"我要你们所有的工作中薪水最低的工作。我急需要一份工作。"洛克菲勒说。

"来吧,我们聘用你了。"

洛克菲勒十分高兴。他感到这是他生活中的低潮阶段,他无业、无家,可以说在这个世界上孤苦伶仃。他感到自己需要一个起点,甚至是最底层的一个起点。

第二天一早,他去上班,被安排在组装线上。他的工作是将带着铜铆钉的带子缠绕在铁环上。那时公司正在为陆军制造机车手提灯。他的薪水是每小时20美分。

他发现手工劳动有趣而令人满意。这一工作对他并不难。然而,头一天在组装线上钉铆钉时,他的手就被锤子重重地砸青了。他很担心这一事故对工作造成不便,在得到了老板的许可后在下班后继续留下来,研究出一个能用受伤手指工作的办法。

他在车间里寻找,终于找到了他需要的工具和材料。他制造了一个木头节子,它能把铆钉固定住,可以毫不费力地做他的工作。

第二天他很早起来就去试用他新制的工具。他在其他工人到来之前开始做工。真是惊人的成功!这个木节子能固定住铆钉,不用他的手去扶,如同多了一只手,这样他能比原先用手扶的方法做更多的活。老板夸奖了他的新改进。

有了这个木节子,他的工作速度比原先加快了一倍。有了剩余时间,他向老板要求更多的工作,被委以一大堆杂务。他帮助组装线上的妇女调整工作台的高度,她们干得顺手,也提高了效率。他在任何可能的环节中协助他的老板。他总是来得很早,下班后也留下帮助清理整顿,为第二天做准备。这是份不错的工作,满足了他当时的需求。

公司里的人对他就像对自己家里人一样。有一次他结识了奥林·哈维——公司的采购员。一天哈维问他:"你为公司工作感觉如何?"

"不错。"洛克菲勒说,"但我对钉铆钉有点烦了。我想找点更具挑战性的事情做,这样我可以学到更多的东西。"

"你愿不愿意到采购部门做一个订货员?"哈维问。他解释了订货员的职责,并说借此你可以了解到整个公司的生产程序,他强调说,所有生产成品所需的材料都要经过订货员这一程序。洛克菲勒当然愿意。

他个人的努力工作和解决问题的能力被认可并被奖励。一年之内,从每小时薪金20美分的组装线工人升到了采购部,继而又被提升为灯光部门的经理助理。这以后不久,他被任命为工业关系部主任。

这些经历让他认识到,没有内部关系和推荐,一个人仍可以从最底层干起,一点一点地获得成功。洛克菲勒认为这是搞清一门生意的基础的最好途径,并能使他获得在这一领域里发展所需的必要的自信。

洛克菲勒对初涉社会的年轻儿子说:"你在现阶段进入我们的公司,至少还需要5年至10年的学习。要成为熟练的经营人员,就必须勤学不倦。不过,为考试而一味埋头苦学是不可取的,是不值得表扬的。每月的得失统计表只会反映在现实生活中你是及格还是落伍。你想熟练掌握我们的经营方法,至少要花去5年的时间,熟悉顾客、工作场地、从业人员、经营阵容、外部力量的调整、内部力量的整合。到了这一阶段,你就可以享受高级轿车、轻松的旅行和豪华的餐厅了。"

没有轻松地做出成就的人

怕苦会苦一辈子的，不怕苦只要苦一阵子。可以说你如果能在一阵子当中把你一辈子能吃的苦都吃下去，接着你就开始享受成功的果实。然而如何快速浓缩你的苦一次吃完呢？就是不断地行动、不断地忍受失败、不断地忍受嘲笑、不断地接受被泼冷水、不断地接受打击，然后还能接着行动，这都是成功者在成功前做的事情。

我们都知道美国知名的女明星麦当娜，她年轻时梦想要在美国成为摇滚明星，于是她想在好莱坞找一份表演工作。开始时她经济困窘，过着非常艰苦的生活。后来她找到可以让她上台表演的工作，终于一夕成名，成为举世闻名的歌星。

让我们想一想，有几个人能为了成功好好的家不回，而在外面过苦日子？恐怕没有几个人能做到吧。这就是成功者总是比失败者要稀有的原因。假如你真的想成功的话，请你暂时忍受一时的辛苦，拿出努力，大量行动。假如你还不愿采取行动帮助自己成功，那表示你还不是那么想成功。

成功者的生活是充满自我牺牲的。"没有劳作，就没有收获"，这应该是每一个合格员工的座右铭。

洛克菲勒曾对儿子说："不要总想着去看表，忘掉时间吧！9点到17点的工作时间不是为了你而定的。商业犹如一场对弈，一场比赛。8小时对于想大显身手干一番事业的人是远远不够的。当我初次踏上推销员之路时，发现我的竞争对手们周末都不工作。在星期六，我并没有什么特别重要的事情需要做。那时我还是个单身汉，不会被结婚带来的责任所拖累。那我干些什么呢？打网球吗？不，推销本身就是我的娱乐，就是我的比赛。我决意要成为一个胜者。"

其实许多事情非常简单，一位推销前辈曾说过："世界上最伟大的秘密就是你只要比一般人稍微努力一点，你就会成功。"

只为薪水工作是一种短视

任何一个合格员工都知道，能力比金钱重要无数倍，因为它不会遗失，也不会被偷，它一旦获得就永远是你自己的。能力是能给你带来更多金钱的唯一法宝。如果你有机会去研究那些成功人士，就会发现他们并非始终高居事业的顶峰。在他们的一生中，曾多次攀上顶峰又坠落谷底，虽然起伏跌宕，但是有一种东西永远伴随着他们，那就是能力。能力能帮助他们重返巅峰，重新获得成功。

在企业中，员工与老板的关系看起来是一种雇佣与被雇佣的简单的关系，很多人为薪水而工作，看起来目的明确，但是往往被短期利益蒙蔽了心智，看不清未来发展的道路。那些不满于薪水低而敷衍了事工作的人，以为损害的只是老板，实际上长此以往，他们也损害了自己。这样下去，他们只能将自己的希望断送，一生只能做一个庸庸碌碌、心胸狭隘的懦夫。他们埋没了自己的才能，湮灭了自己的创造力。

要想成为一个合格的员工，在工作时，要时刻告诫自己：我要为自己的现在和将来而努力。无论工资收入是多还是少，都要清楚地认识到，那只是你从工作中获得的一小部分。不要太多考虑工资，而应该用更多的时间去接受新的知识，培养自己的能力，展现自己的才华，因为这些东西才是真正的无价之宝。在未来的资产中，它们的价值远远超过了现在所积累的货币资产。当从一个新手、一个无知的员工成长为一个熟练的、高效的管理者时，实际上已经大有收获。具有了可以在其他公司甚至自己独立创业时充分发挥的这些才能，才有获得更高报酬的能力。

也许老板可以控制员工的薪水，可是却无法遮住你的眼睛，捂上你的耳朵，阻止你去思考，去学习。换句话说，任何公司或是老板都无法阻止你为将来所做的努力，也无法剥夺你因此而得到的回报。

许多员工总是在为自己的懒惰和无知寻找理由。有的说老板对他们的能力和成果视而不见，有的会说老板太吝啬，付出再多也得不到相应的回报……没有任何人一开始工作就能发挥全部潜能，就可以出色地完成每一项任务，同样，也很少有人一开始就能拿到很高的工资。因此，当你在付出自己的努力时，一定要学会耐心等待，等待他人的信任和赏识，你才能得到重用，才能向更高的目标前进。

工作所给你的，要比你为它付出的更多。如果你将工作视为一个积极的学习过程，那么，每一项工作中都包含着许多个人成长的机会。

试比较两个具有相同背景的年轻人。一个热情主动、积极进取，对自己的工作总是精益求精，总是为公司的利益着想，而另一个总喜欢投机取巧，总嫌自己的薪水太低，总把自己的利益放在第一位。如果你是老板，你会雇佣谁，或者说你会给谁更多发展和晋升的机会呢？世界上大多数人都在为薪水而工作，如果你能不为薪水而工作，你就超越了芸芸众生，也就迈出了成功的第一步。

在工作中，我们要随时保持这种积极主动的态度。即使暂时薪水微薄，也应当懂得，薪水只是工作表面上的报酬，实际上你在工作中得到更宝贵的东西是：珍贵的经验、良好的训练、才能的表现和品格的建立。这些东西与金钱相比，其价值要高出千万倍。

所以想成为一个合格的员工，不必过分重视薪水的多少，而应该注意工作本身带给你的报酬。譬如发展自己的技能，增加自己的社会经验，提升个人的人格魅力……与你在工作中获得的技能与经验相比，微薄的工资相对来说并不是那么重要。老板支付给你的是金钱，你自己赋予自己的是可以令你终身受益的"黄金"。

不断学习，不断提高

摩托罗拉大学大力倡导严密、高效率和主动进取的文化。摩托罗拉大学校长威廉姆·A.威根豪恩说："我们是统一行动的队伍。"

为鼓励员工重返学校的培训计划，摩托罗拉采取了一些必要的措施。譬如，掌握一门新技术可以使员工有资格晋升。

为使培训课程具有趣味性，课堂上的许多问题来自摩托罗拉公司的实践。教师采用生动的教学方式，落后生还可以得到教师的单独辅导。如果有些员工仍达不到应有的要求，他们就可能被降级。

实际上，课堂教学不仅是摩托罗拉公司培训的一部分，更重要的是"现场操作"或实习。

由此可见，企业培训工作可使员工从各方面都受益匪浅。因此，企业员工要抓住企业培训这一契机，学习各种知识，不断提高，充实自己。虽然别的公司的培训也许不如摩托罗拉正规和严格，但是目前很多企业都已看到企业培训的好处，在今后发展趋势中，他们一定会越来越重视该项工作。

有位公司老板就曾深有感触地说："目前和未来社会中，科学技术的发展和社会关系的日益复杂化，不仅使知识在企业中日趋重要，而且使培训成为一种日常活动。"所以，企业员工要想成为老板欣赏的人，就必须重视企业的培训工作，并给予积极的配合。因为企业培训的目的就是要使员工成为知识丰富、业务熟练、敬业爱岗的人，成为企业的中流砥柱，并借此增进员工之间的团结精神及相互间的依赖关系，形成自己的企业文化，并对员工进行实际的为人处世教育。

在这个知识经济的时代，学习已不再被认为是上学时的事，学习的内涵已经发生了很大的变化。学习已经没有时间的分隔、人员的界定和学习场所的限制，学习已变成了终身的事情，人们必须随时随地地学习，因此学习能力的提高远比学习知识更重要。

有位名人说过这样一句话："吾日必三省吾身。"说这是他成功的秘诀，这就是自省。人们在各种活动中必须要经常自省，审视自己。社会心理学家研究表明，人们在对事物进行归因时，通常是把积极的结果归因于自己，把消极的结果归因于情境。如果这样，你很难做到主动、积极、公正地审视自己。

因此，我们要提高自身学习能力，就必须要勇敢、主动、客观地反省自身情绪、思维及能力，准确评估组织及客观世界，勇于打破旧的格局，创建新的发展要素。正如狄更斯所言："不论我们多么盲目和怀有多深的偏见，只要我们有勇气选择，我们就有彻底改变自己的力量。"学习能力的提高也是一样。

与其抱怨不如改变

漫画家蔡志忠在 15 岁那年，也就是初中二年级时，就带着投漫画稿赚来的 250 元稿费，到台北市画漫画、闯天下。他很快就面临学历的问题，在他打算到以外制电视节目著名的光启社求职时，看到求才广告上"大学相关科系毕业"一项条件，立即就傻眼了。不过他仍旧相信自己的实力，没有理会这项学历限制而参加应征。结果他击败了另外 29 名应征的大学毕业生，进入了光启社。

以后他在漫画界的表现如异军突起，尤其"庄子说""老子说"系列更被译成世界各国文字向国外输出，他也一度是全台湾地区纳税额最高的一位作家，他本人还颇以此为荣呢！

而在连初中都没念完的情况下，是什么使他能有勇气踏入我们这个文凭至上的社会呢？他说："做人最重要的就是要了解自己。有人适合做总统，有人适合扫地。如果适合扫地的人以做总统为人生目标，那只会一生痛苦不堪，受尽挫折。"而他，不偏不倚，就是适合做一个漫画家。他从小就知道自己能画，所以才 15 岁就开始画，尽早地画，不停地画，终究画出自己的一片天空。

蔡志忠的说法也让人想到巴西的世界球王"黑珍珠"贝利，他曾经说："我天生就是踢球的，就像贝多芬是天生的音乐家一样。"

能够真切地认识自己，是件多么幸运的事啊！但别以为只有那些天才才知道自己的能力，我们周围有许许多多平凡的人物，但是他们做自己喜欢的事，活得自在，活得快乐，这不也是一种成功？

不要抱怨，即使你有一千个抱怨的理由。要知道，那样只能浪费你的时间，加深你的伤痛，且于事无补。

把事情做"到位"

某天，某外企的一位副总突然发现垃圾桶里有本公司生产的优良产品，他很紧张，首先怀疑有人故意搞破坏。于是开始一层层展开调查，结果大大出乎他的意料。其实，这件事的原因非常简单，就是因为一群员工做事不到位。

优良产品和不良产品是用不同颜色的篮子盛装的，不良品用红色篮子，优良产品用蓝色篮子。但是，这一天一位负责包装产品的员工不小心用不良产品的红色的篮子装了优良产品，这位员工就是第一个犯错的人；接下来第二个人随手把一张报纸丢在红色篮子上面，于是就有第三个人把垃圾倒在里面；第四个人早晨来打扫卫生的时候，一看是垃圾，就把它拿去倒在垃圾桶里了。

每个人只错1%，最后就会造成把一个好产品丢到垃圾桶里的结果。

从这个案例可以看出，把工作做到位是多么重要。很多员工甚至很多管理者一直都认为自己犯1%的错误不会造成什么大问题，但是，如果一个公司有1 000个人同时犯1%的错误，这个公司就无法正常运转。所以，每个员工都要将自己的工作做到位，千万不能存任何侥幸心理。

人类的历史，充满着由于疏忽、畏难、敷衍、偷懒、轻率而造成的可怕惨剧。宾夕法尼亚的奥斯汀镇，曾经因为筑堤工程没有照着设计去筑石基，结果堤岸溃决，全镇都被淹没，无数人死于非命。像这种因工作疏忽而引起悲剧的事实，在我们这片辽阔的土地上随时都有可能发生。我们还听说过医生把剪子忘在病人肚子里、拔错牙、摘错器官的惨剧，想一想，如果我们成为这种事故中的受害者该有多么可怕！

张瑞敏领导的海尔如今已是企业界巨擘。但当初的海尔经营管理可是一塌糊涂,海尔制定出的第一条制度是"不许随地大小便",可见海尔昔日情形。1985年,海尔着手内部管理,为此编写了10万字的《质量保证手册》,制定了121项管理标准,49项工作标准,1 008个技术标准。张瑞敏着手整理企业内部,而且愿意花大力气、花大价钱,小事当作大事做,一切工作都力争做到位。这样一来,才有了今天的成就。

有一位经理说过:"做过我下属的人,大多数都觉得我要求甚严,因为我有两个要求是必须做到的。第一,接了手的事必须按时、按标准完成,不能完成,做任何解释我都不听;第二,已做完的事情,自己检查认定完全没有错误再上报,不要等我检查出了破绽或漏洞再辩解。"

勇于承担责任

妥善解决问题,勇于承担责任,是一个合格员工与他人的最大的差别。

在工作中,所遇到的问题综合而言,不外乎:具有障碍性质的问题,也就是为了达到目标,而让员工顿感困扰,难以处理的问题;与所定的基准发生偏差的问题,如销售量不能达到预期的增长、贸易纠纷发生率偏高、出错误的件数比平常增加等;为了达到目标而必须解决、改善的重要问题;属于创新之类的问题,这是公司为了将来要开创新的事业、开发新产品等衍生出来的问题。员工必须表现得愿意积极面对新的挑战,同心协力,要有具体问题,具体解决方法的意识,努力去克服困难。

如果员工真的在推卸责任,老板也许会因为他尚有其他长处可用,不愿当众揭破推卸责任的行为,但是,在老板的心目中,早已判断他是一个并不可靠的人。如此一来,这个人的升迁之路恐怕也就走到了尽头。

别以为只有老板和小头目才是负责人。老板心目中的合格员工,个个都应是负责人。对自己的行为负责,对公司和老板负责,对客户负责，这才是老板心目中良好的公司人。只有这样的人才容易引起老板的垂青，因而也有希望尽快升职。老板希望员工能以积极、热情、认真的态度去工作，他们认为这样的员工是公司进步的动力。

老板深深知道：热情能够感染别人的情绪，使事情朝好的方向发展。在公司里，有相当一部分员工，他们不但很少相信别人，甚至有时连自己也不相信。这样的员工很难受到老板的赏识。缺乏自信的员工有以下特征：

（1）优柔寡断。他们遇到一点阻滞，而上司又不在场时，为了不使工作程序出错，而宁愿把工作中止。此举可能会拖延工作时间，令其他部门配合工作的人员受到拖累。他们可能有好的变通方法，可是不愿意去判断这种方法是否有效，更不愿去承担后果。

（2）"应声虫"。他们总是认为别人的意见是可行的，自己永不参与研讨行列，在会议中，永远做聆听的一方，当老板或上司要他表示意见时，他只是说赞成或认同上级的意见，表示愿意配合。

（3）易受打击。他们对自己所做的成绩不懂评价，容易因受到批评而感到沮丧。在互相竞争的商业社会中，少一点自信的人，根本无法提高自己的尊严，也容易事业不成。事实上，只要对自己所作所为感到满意，并认为是一项不俗的表现，就不易被恶意批评的人所中伤，敢于坚持自己的设想。

（4）经常转工。一位大公司的董事说过："年轻人缺乏自信的时候，在某个环境稍感不如意，就要萌生逃避的意念。他们有些人以为怀才不遇，却不知他们本身也未能真正欣赏和认同自己。"经常转工除了浪费老板的资源之外，也浪费了自己的时间和精力，转工次数越多，自信心越弱，一旦感觉到环境不认可他的发展，便容易自暴自弃。

不良心态解决技巧

如何在工作中脱颖而出

2001年,"神舟五号"飞船升天之后,中央电视台"东方时空"专门对杨利伟和他的领导进行采访,在回答"杨利伟怎样成为中国太空第一人"这一大家关心的问题时,被采访的航天局领导讲了三点挑选杨利伟的理由:第一,杨利伟在5年的集训期间,训练成绩一直名列前茅;第二,处理突发事件的能力强;第三,不仅心理素质好,而且口才好,讲话有分寸、有条理。

我们一直认为宇航员关键是飞,没想到在最后比试的时候,口才竟然也能成为关键的长项,这不免让人有些感慨。原来,航天局领导考虑到我国第一个进入太空飞行的宇航员,肯定要接受众多新闻媒体的采访,还将进行巡回演讲,那时他的一言一行都会在全世界受到瞩目,于是最终选择了口才好的杨利伟。

杨利伟的口才好,不是一个孤立的现象,杨利伟认为航空事业无小事,不管做什么都要全力以赴,所以无论是学习核心技术,学政治还是在其他方面都是如此,连训练后的总结会,训练小结他都认真对待,在总结会上,他总是准备充分,不仅积极发言,而且有条有理,从容不迫,显得在口才上比其他人略胜一筹,这点给大家留下了深刻印象,在后来的竞争中,杨利伟凭借出色的口才脱颖而出,成为中国太空第一人。

《方法总比问题多》这本书对"如何在工作中脱颖而出"这个问题做了详细的解答。

1. 聪明人更要下笨工夫

即使你天赋高,假如不努力开发,你的天赋也有可能被埋没。在这个世界上,应该说中等智力的人占大多数。当我们的天赋不高时,还能不加倍下"笨工夫"吗？

2. 不要认为不公平，也许是自己做得不够

美国传奇人物亚诺·施瓦辛格从一个瘦小子一举成为全世界最著名的健美明星，荣获了3届环球先生和7届奥林匹克先生称号，后来又成为银幕上的大牌明星，成功当选美国加州州长，其原因之一，在于他比平常人付出更多的代价。他在《亚诺：一个健身家的成长》一书中阐述了他那并不神秘的"成功秘诀"："要肌肉增长，你必须有无穷的意志力，你必须挨得痛，你不能可怜自己，稍痛即止；你要跨越痛苦，甚至爱上痛苦，甘之如饴，人家做10下的动作，你要加倍，而做足20下，还有，你要用不同的方法，从不同的角度震惊你的每一组肌肉，令它没有办法不强壮，没有办法不结实；不要松懈，不要懒惰；没有坚强的意志，你是不会成功的。"

在生活中，当你抱怨"为何我这样努力，还是达不到目标呢？"时你要问自己"我的努力足够了吗？"看看施瓦辛格的故事，再比较自己，或许会得出一个结论：别抱怨不公平，也许是自己做得不够！

3. 永远不要浅尝辄止

实现梦想是一个精益求精的过程，永远不要浅尝辄止，否则难成大器。有人说："只有失败者希望马上成功，最佳行为者懂得，成功是通过从部分成功中吸取经验而一步步取得的，因此，任何事情在没有做好之前要努力去做。"

一件事情会影响一个人的声誉，几件事情会改变一个人的一生，无数事情会决定一个人的命运。从搬运工到哲学家，从奴隶到将军，从凡人到伟人，这不是一天、一月、一年就可以达到的，它需要经过长期的努力，长期的追求，长期的积累，长期的磨炼才能达到。

恢复工作激情的4条建议

职场人士承担着巨大的有形或者无形的压力，同事之间的竞争、工作方面的要求，以及一些日常生活的琐事，无时无刻不在禁锢着我

们的心灵。于是在种种压力的禁锢之下，无精打采、垂头丧气和漠不关心扼杀了我们对事业的激情。从热爱工作到应付工作再到逃避工作，我们的职业生涯遭到了毁灭性的打击。

但是，如果你周一早上和周五早上一样精神振奋；如果你和同事、朋友之间相处融洽；如果你对个人收入比较满意；如果你敬佩上司和理解公司的企业文化；如果你对公司的产品和服务引以为豪；如果你觉得工作比较稳定；只要对以上任何一个问题，你的回答中有一个"是"字，我就要告诉你："你可以恢复工作激情。"

美国著名激励大师博西·崔恩针对如何恢复工作激情，提出过以下建议。

1. 改正兴趣决定激情的看法

诚然，兴趣的确很重要，但还是让这样的观点见鬼去吧！兴趣可以培养。你可能因为兴趣而选择某一种职业，但是做久了，你会发现，支持你充满激情做下去的不再只是初始的兴趣，更多的是一种责任，一种因为熟悉而产生的眷恋，一种因为取得成绩而坚持下去的信心。这个时候兴趣已经转化为一种更加深厚的情绪了。

2. 把工作当作一项事业

如果你把工作当作一件差事，或者只把目光停留在工作本身，那么即使是从事你最喜欢的工作，你仍然无法持久地保持对工作的激情。但如果你把工作当作一项事业来看待，情况就会完全不同了。

有一句话是："今天的成就是昨天的积累，明天的成功则有赖于今天的努力。"把工作和自己的职业生涯联系起来，为对自己未来的事业负责，你会容忍工作中的压力和单调，觉得自己所从事的是一份有价值、有意义的工作，并且从中要感受到使命感和成就感。

3. 树立新的目标

保持长久激情的秘诀，就是给自己不断树立新的目标，挖掘新鲜感。把曾经的梦想捡起来，找机会实现它，审视自己的工作，看看有哪些事情一直拖着没有处理，然后把它做完……在你解决了一个又一个问题之后，自然就产生了一些小小的成就感，这种新鲜的感觉就是让激情每天都陪伴自己的最佳良药。

4.切勿自满

在工作中，最需要注意的是自满情绪。自满的人不会想方设法前进，对工作就会丧失激情。如果你满足于已经取得的工作成绩，忽略了开创未来的重要性，那么现在这个阶段的工作自然会丧失其吸引力。当你把过去的成绩当作激励自己更上一层楼的动力，试图超越以往的表现，激情就会重新燃烧起来。

掌握职场晋升之道

1.找准职场晋升点

在职场竞争中，人们很容易迷失自己，当他们发现晋升之路越来越渺茫时，往往就对自己失去了信心。但是，人们要在职场晋升，首先就要对自己自信。当然，职场里获得领导的赏识和信任是件不容易的事情。但是，不管你的经验如何，都不需要感觉沮丧，只要你下决心认真地做好工作，任何事情都是有转机的。

从某种程度上来说，年轻人的晋升是依靠公司前辈的让步和信任所获得的，而不是年轻人努力的结果。这就是为什么很多人很努力，却始终没有晋升机会，为何会出现这种情况，简单点说，就是努力方向出了错。

2.学会和上司唱双簧

当你找到一份工作，自然就会有一个直接上司，这个直接上司在很大程度上决定着你在公司里的职业发展。所以，不管在什么时候，都要对你的直接上司负责。

（1）对上司让步。有求于人先予人。每个人都有自身的弱点，不管上司多么优秀，多么知识渊博，也会或多或少地存在一些缺陷。当上司在做自己的工作时，这些缺陷还能够因为刻意遮盖而隐藏掉，但当上司实行管理时，缺点往往就会暴露出来，在这样的情况下，当部分员工对上司出现疑惑情绪时,你应该坚决站在上司这一边,但并不需要特意表现出来。你只要设法在工作中努力把上司的管理漏洞弥补掉,那么你就做到位了,或者你明里暗里在跟上司唱双簧,时间长了,上司自然会明白。

(2)对上司信任。获得上司信任的人才有机会得到重用。一个对上司都不信任的人,是不太可能获得提拔和培养的。

尽管有时候,你认为你的上司不值得信任,但公司高层不可能不知道,唯一的原因就是,你没有找到上司的优点。人无完人,只有对上司表现出足够的信任,你才能够宽容地对待上司表现出来的缺点,并在工作中努力修正,以实现或达到部门的绩效,简单点就是,你还是应该跟你的上司"唱双簧"。

若你能够充分把自己的优点与上司的优点很好地结合起来,那么公司的初衷就能够实现,只有在公司发展的情况下,你的晋升空间才会加大。

(3)向上司借力。你在跟上司唱双簧共同建设部门时,公司的高层是肯定知道的。从公司角度出发,一个知道团队配合、宽容和信任的员工,才是公司的好员工,在你努力做这些事情的时候,公司方面也在关注你。

当公司出现职位空缺时,你会有更多的机会获得这样的岗位,而这个机会实际上就是来自于你上司的推荐。

不要认为你努力工作,就能得到晋升,这种想法是很不切实际的。不管你的工作有多努力,如果没有人向上面推荐,那么,你所有的努力只有你的上司和你自己明白而已,在其他部门出现职位空缺时,没有人会想到你。向上司借力,主要是希望获得上司的推荐,不管是部门内部还是部门外部,上司对你有最直接的发言权。从人的本性方面来说,谁都愿意把机会让给一些值得信赖的朋友,而不是一些能力高的员工。

渴望晋升,无可厚非,没有人不希望获得满意的职场生涯。获得公司前辈的让步和信任,学会跟上司唱双簧,以获得上司的支持与提名,是最快也最行之有效的职场晋升之道,如何去把握,那就是你自己的事情了。

影响职场晋升的5个认识误区

1. 上司应该知道我想升迁

如果你想进步,上司的支持通常是必不可少的。花一些时间构思改进工作的计划,找机会跟上司会面,陈述你的目标。在得到上司的支持之前,不要结束会面。"您愿意帮助我吗?"这是在这种会面中必须问及的关键性问题。

2. 如果与别的经理接触过密,你的上司将会感到威胁

如果你的上司没有干好工作,他是会感到有威胁的。如果你很希望在某个部门工作,那么就尽全力在那个部门内建立关系。对于那个部门正在进行的工作要感兴趣,让人们知道你愿意学习更多的东西;在那个部门需要帮助时尽量帮忙——前提是不要干扰你自己的工作,否则你的上司感到的就不是威胁而是愤怒了。如果你坚持这样做,当那个部门有新职位时,人们自然就会想到你。

3. 同事是我最好的朋友,他不会和我竞争新职位

同事之间很少存在真正的友谊,如果新职位的报酬比目前提高了10%~20%,人们通常就会去竞争它。记住,办公室可不是咖啡馆,公事总是排在友谊之前。尽管很喜欢同事,你也要专注于工作,不要因为无价值的闲聊而分散了精力,别人可能会在你漫不经心当中抓住机会。

4. 人们应当知道我是名勤奋工作的员工

做一名勤奋工作的员工,并不意味着你就一定可以获得应有的回报,你还得时不时为自己"吹吹喇叭"。

5. 获知新职位的唯一途径是看人事公告

通过办公室的小道消息,你能够知道几乎所有的事情。如果你不加留意,就有可能错过重要的信息。你可以借出入其他部门办公室的机会与人寒暄:"嗨,周末郊游玩得怎么样?"用这样的问话开头,

可以很容易地与别人沟通。但要记住：不要逗留过长的时间。那样别人会误以为你不努力工作，是一个四处游荡的"包打听"。

职场中的行动底线是要做一个参与者而不是旁观者。为了你自己的职场前途，不要只是观望着别人进步，应当马上采取积极行动。

外企职员快速晋升的6大要素

1. 有中外教育背景

外企不断对中国本土人才委以重任，与他们对本土人才发展的肯定和认同有关。据调查，外企的本土高层管理人才中，大部分有着高学历，有留学和出国培训经历的占了90%，美籍华人也有不少。

2. 有出色的特长

做外企员工，你要有价值，人力资源部门选择你，就是因为你有价值，有专长，他们会依你所长，把你安排在合适的职位，在这个职位上，你应该能完全胜任工作。如果连本职工作都胜任不了的人，那他肯定是没有什么前途的，等待他的只有被公司淘汰。

3. 有较强的应变能力

优秀的员工通常不满足于现有的成绩和现有的工作方式，而愿意尝试新的方法。未雨绸缪，化被动为主动，才有能力迎接新的挑战。外企是外国公司在中国的分支机构或办事机构，公司管理层的调整和变化、人事变动等都是正常的，是公司为了适应市场竞争的需要，这些变化或多或少会影响你的工作和你的位置，如何保持正常的心态迎接变化、适应变化，是想进外企工作的人要有的最起码的准备。随着你的工作责任增大，适应变化就变得更重要。

4. 有强烈的责任心

完成本职工作是员工的责任，当工作在8小时内未完成时，加班更是分内的事。你要热爱自己的工作、自己的职业，也只有这样，公司才会给予你相应的报答。在外企，主动要求给予提升是受鼓励的，因为外企认为，你要求担当一定职务，就意味着你愿意承担更大的责任，体现了你有信心和向上追求的勇气。

5. 有学习能力

外企认为，一个优秀的员工会利用一切机会学习、吸收新的思想和方法，善于从错误中吸取教训、从错误中学习，不再犯相同的错误。一个不爱学习的人在当今社会是没有前途的，因为，大学所学的知识在工作中只能占20%，80%以上的知识需要在工作中学习，一个人不善于学习，接受不了新的知识、新的技能，也就没有什么潜力可挖，更无发展可言。

6. 有团队协作精神

外企深知个人的力量是有限的，只有发挥整个团队的作用，才能克服更大的困难，获得更大的成功。管理的精要在于沟通，管理出现问题，一般是沟通出现故障。上级要与下级沟通，下级也应主动与上级沟通，部门之间也要沟通，不沟通就会产生隔阂，再一走了之就更不是好办法，善于沟通的员工易于被大家了解和接受，也会被公司认可。

说服老板加薪的5个技巧

在今天这个职场竞争异常激烈的社会，很多人感叹工作难找，取得高薪就更难了。其实只要你掌握了职场赢得高薪的技巧，取得高薪也不难。

1. 循循善诱

说服老板给你加薪是一件非常困难的事，因此，你必须有充足的理由才能向他开口。而且要让老板认为给你加薪是一件很合算的事，在谈话时，要"诱"而不能"逼"。

2. 期望切实

一个人的期望值与他们所得到的结果有着非常密切的关系。所以，向老板开口时，你的期望值应该是符合实际的。因此，应该注意多关注一些同行的薪酬情况，同时，还应当注意用一种婉转的方式表达自己的意愿而不能过于生硬。

3. 明确自己的利益

加薪也包括你在各方面福利和待遇的提高。除了最基本的薪水之外，比如利润提成、股票期权、晋升机会、年假等都可以向老板提出。许多人觉得这种事情很难开口，其实这是一种误区，开诚布公反而更能够促进双方的理解与沟通。

4. 估算老板的利益

和你一样，老板也关心自己的利益。在你说服他为你加薪时，要注意，你的利益增长和他的利益增长应该是相一致的。

5. 备选方案

万一无法说服老板为你加薪，你需要准备一个"B计划"来达到你的目的。可以准备一个详细的行动方案以备不时之需。

第9章
学会选择懂得放弃
——好心态助你获得幸福

选择,是一门学问;放弃,是一种智慧。

生活,因选择而多姿,因放弃而明朗。人生,因选择而精彩,因放弃而辉煌。

只有放得下,才能拿得起;只有有所舍,才能有所得;只有输得起,才能赢得了。能够正确地选择成功之道的人,能够潇洒地放弃自己所拥有的人,才是一个真正有智慧的人。

不要让自己有太多舍不得

台湾作家吴淡如说得好:"好像要到某种年纪,在拥有某些东西之后,你才能够悟到,你建构的人生像一栋华美的大厦,但只有硬体,里面水管失修,配备不足,墙壁剥落,又很难找出原因来整修,除非你把整栋房子拆掉。你又舍不得拆掉。那是一生的心血,拆掉了,所有的人会不知道你是谁,你也很可能会不知道自己是谁。"

仔细咀嚼这段话,你会发现,我们不就是因为"舍不得"吗?

很多时候,我们舍不得放弃一个放弃了之后并不会失去什么的工作,舍不得放下已经很远很远的种种往事,舍不得放弃对权力与金钱的追求……于是,我们只能用生命作为代价,透支着健康与年华。不是吗?现代人都精于算计投资回报率,但谁能算得出,在得到一些自己认为珍贵的东西时,有多少和生命休戚相关的美丽像沙子一样在指间溜走?而我们却很少去思忖:掌中所握的生命的沙子的数量是有限的,一旦失去,便再也捞不回来。

佛家说:"要眠即眠,要坐即坐",是多么自在的快乐之道啊!倘使你总是"吃饭时不肯吃饭,百种需索,睡眠时不肯睡眠,千般计较",这样放不下,你又怎能快乐呢?

寻找最大的麦穗

在一个大学结业典礼上,校长在致辞的结尾引用了一个寓言故事:

草原上,三只猎狗追逐着一只土拨鼠,而土拨鼠机灵地钻进一个洞穴;突然,从洞穴里窜出了一只兔子,兔子飞快地向前跑,并跳上了一棵树;三只猎狗紧追不舍,尾随而至;兔子在树枝上没站稳,掉了下来,正好砸晕了正仰头观望的猎狗；于是，兔子顺利逃脱。

故事讲完，台下许多学生便提出了各自的疑问：

"兔子怎么会爬树呢？一只兔子怎么可能同时砸晕三只猎狗呢？"

"这些问题提得都不错，显示了故事的荒诞。"教授说完，沉默了好一阵；等学生们纷纷投来疑惑的目光时，他有些失望地说："可是更重要的，你们却没有问——猎狗当初真正要追捕的是什么？土拨鼠哪儿去了？……"

一个人若想走上成功之路，首先必须有明确的目标。目标一经确立之后，就要心无旁骛，集中全部精力，勇往直前。

每一个人都希望找寻到各自人生的目的与意义，最终实现自己的目标；然而，在人生的道路上，阻碍人们走向成功的，往往不是艰难困苦，而是一路上太多的诱惑。在这些诱惑的左右下，渐行渐远，最终偏离了最初的人生规划，南辕北辙，甚至迷失了自己。

当然，仅仅有目标是不够的，重要的是要有明确的目标。大家都听说过黑瞎子掰玉米的故事，它只顾贪多，最后走出玉米地的时候，腋下没有剩下一个玉米。

一个人不成功是因为不会选择目标，你要善于丢弃目标，丢弃应该丢弃的目标，你就容易成功。最难成功的人，就是盲目追求新目标的人。

一个6岁孩子的母亲，希望她的孩子多才多艺。但是在给孩子报兴趣班的问题上犯了难。她总是拿不定主意，今天想让她学画画，明天想让她学艺术体操，后天又想让她学钢琴等，因为没有具体可操作的目标，孩子渐渐长大，什么也学了一点，却样样不能够精通，在各方面都显得很平庸。

与此相反，她的邻居对待这种问题的思路却不一样。因为邻居的孩子最喜欢跳舞，父母便按照孩子的意愿去创造条件，而不管将来孩子能否成为舞蹈家。因为全家人一直朝着这个目标去努力，那个孩子最后果真进入了演艺界，取得了很好的成绩。

做一个会选择的人很重要。当你不知如何选择的时候，或者你手头的选择太多的时候，切莫待在原地浪费时间，不如边走边选，至少你不会错过人生最精彩的景观。

苏格拉底的"如何寻找最大麦穗论"就是教我们如何选择的：在一块麦田里先走上 1/3 的路，观察麦穗的长势、大小、分布规律，在随后的 1/3 的田地里选定一个相对大的，然后从容走完剩下的 1/3。即使在这 1/3 里面还有更大的麦穗，按照规律来说也不至于令你太过遗憾了，总比一上来就匆匆选定，或者行程快结束了才胡乱抓一个更具有科学性，更能使人心安理得。

苏格拉底的"寻找最大麦穗理论"是选择的技巧，也是放弃的技巧。

人生在于选择

春秋战国时期，鲁国有一个人，他特别擅长打草鞋，他的妻子纺的白绸特别漂亮。他们在鲁国生活得并不开心，于是想搬到越国去。

有个从越国来的人告诉他说："你们到了越国，一定会变得很穷的。"鲁国人很奇怪地问是什么原因。

这个人解释说，打草鞋是为了给人穿的，而越国人并不喜欢穿鞋，他们通常都赤脚走路；织的白绸是为了用来做帽子的，但是越国人也不喜欢戴帽子，而特别喜欢披着长发。如果你们搬到不能施展自己才能的国家去，必然会变穷。

人们要学会发挥自己的长处，要在自己能够发挥长处的地方活动，否则很容易把自己的长处变成短处。其实人们如何选择和自己的知识背景有很大的关系。因为有些对于某人来说不是资源的东西，对于别人来说可能就是大资源。因此，人们应该开阔自己的视野，看得多、经历得比较多，才可能有更多的出路。

从前有个宋国人特别擅长配制防治冻手的药，他家祖祖辈辈都是靠这种药涂抹在手上，然后给别人漂洗棉絮来过日子的。

有一个外乡人听说了这件事情，便找到这个人愿意以一百两黄金买他的药方。宋国人很快把全家人招在一起商量该怎么办。最坏的结果是自己家祖祖辈辈都干漂洗棉絮的活儿，一年到头也不过赚几两黄金。现在只要出售这个药方就可以一下子得到一百两黄金，那就把药方卖给他吧！

那个外乡人得到药方后，立即去拜见吴王。向吴王夸赞这种药如何如何有用。这个时候正好越国出现内乱，吴王就派这个外乡人跟随他的部队去讨伐越国。当时正是寒冬季节，由于他的药很管用，尽管天气很冷，但是吴国军队丝毫没有受到影响，他们和越国军队进行水战，最后将越国军队打得落花流水。吴王得胜后特别高兴，立即就割出一块土地封赏给了这个献药方的人。

这种药能够让手不皲裂，功用始终是一样的。但是，有的人可以利用它得到封赏，而有的人虽然拥有它却依然避免不了继续做漂洗棉絮的苦活，这就是因个人眼界不同造成的。因此人们要学会开阔眼界，眼界越开阔，选择的机会越多，成功的可能性就会越大。

人们要寻找到适合自己的事情做也必须懂得不断学习。从来就没有一生下来就什么都知道的人，人都是在有意或者无意地学习，并且将学到的东西用于实践。对于一个人来说，学习永远都是必需的，尤其是现代社会，知识更新得很快，如果人们还抱残守缺，将自己以前的陈年知识作为炫耀的资本，而不思汲取新的知识，那么必然会很快失败。因为人掌握的知识越多，思路就越开阔，所能做的事情就越多，自然就越希望生活得比其他人都好。

汗水和泪水你选择哪一样

有一个穷人，生活很困苦，一个富人见他可怜，就起了善心，想帮他致富。富人送给他一头牛，嘱咐他来年好好开荒，等春天来了撒上种子，秋天就可以远离那个"穷"字了。穷人满怀希望开始奋斗。可是没过几天，牛要吃草，人要吃饭，日子比过去还难。穷人就想，不如把牛卖了，买几只羊，先杀一只吃，剩下的还可以生小羊，长大了拿去卖，可以赚更多的钱。穷人的计划如愿以偿，只是吃了一只羊之后，小羊迟迟没有生下来，日子又艰难了，穷人忍不住又吃了一只羊。穷人想：这样下去不得了，不如把羊卖了，买成鸡，鸡生蛋的速度要快一些，鸡蛋立刻可以赚钱，日子立刻可以好转。穷人的计划又如愿以偿了，但是日子并没有改变，又艰难了，他又忍不住杀了鸡，终于杀到只剩一只鸡时，穷人的理想彻底崩溃了。他想：致富是无望了，还不如把鸡卖了，打一壶酒，三杯下肚，万事不愁。很快春天来了，发善心的富人兴致勃勃送种子来，竟然发现穷人正就着咸菜喝酒，牛早就没有了，房子里依然一贫如洗。富人转身走了。穷人仍然一直穷着。很多穷人都有过梦想，甚至有过机遇，有过行动，但要坚持到底却很难。

一个富人常为人们所称道的是经历了多么辛酸的创业过程，其间的辛苦多么让人难以想象。其实富人的辛苦与穷人比起来根本不算什么，大多数富人经历了一阶段的辛苦后便会功成名就，而穷人则不然，他们虽可能不如富人辛苦的程度深，但时间长度却足以超过任何一个富人。试想，一生忙忙碌碌而无所成与短时间内经受磨炼积聚资本奠定人生基础，对整个人生而言哪个更为辛苦？

当然，穷与富的区别不只在此，我们只是想强调一个人如果不思进取，贪图目前所有，不懂坚持，并不断向生活做出让步，虽能享得一时清闲，却必为一生之辛苦劳碌埋下种子。而许多靠双手致富的人则不然，他们不仅懂得坚持，而且常常一件事做起来势必很难放弃，因此辛苦对他们来说只是一时，尽管以后还要不懈地去努力，但生活已然有所改观，何况致富的各项资本无疑会越来越丰厚。

能舍就能拥有想要的一切

舍得舍得，大舍大得，懂得放弃的人才会真正拥有自己想要的一切。

历史上永州人都特别善于游泳。有一天，河水突然暴涨，有几个永州人正乘坐在一条小船上。结果刚到江中心，船就漏水了。船上的人就只好跳到水里往岸上游。其中最会游泳的一个人也使出了全身的力气，但还是没有平常游得快。他的同伴很疑惑，于是问他为什么今天这么吃力？那个人回答说："我腰里缠着太多的钱，现在重得不行，所以今天特别吃力。"于是同伴劝他快把钱扔掉，但是这个人说什么也不肯。

过了一会儿，这个人更加没有力气了。那些已经到了岸上的同伴又大声劝说他扔掉钱，他摇了摇头，最后沉入水中淹死了。

为了达到目标，就必须扔掉很多累赘。这些累赘很多时候都会影响目标的实现，因此必须扔掉。舍不得自然得不到。

人要舍掉生活的惰性。生活一旦形成惰性，做什么事情都很难有激情。即使下定决心做一件事情的时候，往往一遇到困难就想退回到原来的生活状态之中。这就是如果想毁掉一个人就只需要让他安逸起来的原因。

人还应该舍掉目标以外的东西。因为人的时间和精力都很有限，只有把有限的时间和精力放在事业上，才能够确保取得最大的成功。每一个人都有很多目标，但最后必须确定一个目标，然后努力将这个目标实现。但许多人常常会有一些不切合实际的想法，总想着为了逃避风险，便多确定几个目标，这样即使一个目标无法实现，另外一个目标也有可能实现。殊不知这种想法是最致命的，多个目标自然分散精力，一个目标无法实现，很容易像多米诺骨牌一样导致一片都无法实现。人在面临多个目标时往往不会全力以赴，而是以为这个不行，下个可以补充，以这样的心态，又怎么能实现目标呢？

最后，人应该舍掉的是以成功者自居的心态。也就是说人要有一种归零心态。不管以前怎么样成功，既然选择了从事新的事业，那么以前的成功都要一概抹掉，一切从零开始，一切从头再来。很久以前成功的经验并不符合今天的实际，但人们往往容易抱残守缺，容易相信自己曾经亲身经历过的一切，于是不相信理性的判断，不相信别人的劝说，一意孤行坚持按照原来的办法来做，其结果可想而知。《吕氏春秋》记载了这样一个故事：有个人路过江边，看见一个汉子正牵着一个婴儿，想要把他投进江里去，婴儿吓得哇哇地乱哭乱叫。这人走上前去问那汉子："你怎么把婴儿往江里投呢？"那汉子说："怕什么？他的爸爸很会游水。"他的爸爸会游泳，他的儿子难道生来也会游泳吗？很多创业者有其父善游的心态，认为自己曾经成功过，现在成功也是不难的事情。殊不知这是自欺欺人。

得失心太重的人往往放不开手脚，不能做到忘我。一个演员在演戏的时候应该很投入，而绝对不应分心。那些不投入的人，往往会有太多的顾虑，这样是没有办法演好戏的。人在得失心重的时候不妨问一下自己，得到了又怎么样？失去了又怎么样？如果回答了这两个问题，心态自然会平和起来。

放弃也是一种选择

曾经有一个人，每天活得不堪重负，没有丝毫快乐可言，于是他去请教一位德高望重的圣人。圣人让他背起一只竹篓，请他每走一步就捡一粒石子放进竹篓里，他刚走百步，就觉得背上的东西太重受不了了。这时，圣人又把石子一粒一粒地从竹篓里取出，并且告诉他说："这粒是功名，这块是利禄，这粒是小肚鸡肠，这粒是斤斤计较……"当大半石子被抛出后，他背起竹篓走起路来感到轻松多了。那个人在圣人的指点下终于找到了自己不快乐的原因。

其实生活本身就是一只竹篓，你把功名利禄统统压在身上，当然会压得自己失去快乐的感觉。如果把这些东西放下，相信快乐定会与你为伴。生活对于每一个人都是公平的，如果你放弃了一样事物，它一定会给你另一种幸福。如果你不舍得放弃阳光的明媚，就不会看见晚霞的美丽；不舍得放弃春天的鸟语花香，就不会拥有秋天的硕果累累；不舍得放弃夏天的绚烂多姿，就不会拥有冬天的雪花飞舞；不舍得放弃童年的无忧无虑，就不会拥有长大成人后的辉煌成就。

什么都不愿放弃的人，是对生命的最大放弃。在漫漫的人生道路上，如果一个人将一生的所得全部背负在身上，他最终会因负重而死。昨天的成就，不能代表今天，更不能代表未来。只要勇敢地放弃自己的过去，放弃那些阻挡你的东西，你就会快乐潇洒地选择另一种生活，从而培养自己对生活的坚定信念。所以，放弃意味着争取。放弃一些你无意或者是无法得到的，才能够更专注更有力地追求你想要得到的。学会放弃，人生才显得更加积极主动。

放弃不是颓废，不是厌世，而是一门学问。人生在世，忙忙碌碌，疲于奔波，常常被强烈的欲望所驱赶，不敢停步，不敢懈怠。背上包裹越来越多，越来越沉，却什么都不愿放弃，因此，当收获越来越多的时候，身心也就越来越疲惫。学会放弃，是因为心灵的天空不能塞得太满，就像云朵太多就成了乌云密布，几朵白云飘曳才显得天空的美丽。

学会了放弃，才拥有一份成熟。一个人在成长过程中，会慢慢地发现他不得不放弃越来越多的东西，在不断的放弃中，人才会变得更加沉稳豁达。学会放弃，人生将向你展示另一种独特的美丽。

该放手时且放手

有一个国王，他晚上做了个梦，梦见神人告诉他一句话，说只要记住这句话，就能够得到一辈子的幸福。然而醒后，国王竟然忘记了那句话。国王绞尽脑汁都没有想起来，于是问大臣，有没有一句话，听了以后会让人得到一辈子的幸福。大臣都摇头，说好像没有。国王求一句箴言的消息很快就传开了。过了三个月，一个已经告老还乡的老臣求见国王，他对国王说他知道那句话，不过还请国王先给他一个戒指，他打算把那句话刻在戒指上。国王于是给了他一个戒指。两天后，老臣把戒指还给了国王。国王一看，戒指上赫然刻着"一切都会过去"六个字。国王顿时想起，这正是梦中神人说的话。

一切都会过去。请永远记住，每天都应该有一个新的开始，都应该有一个积极的心态。千万不要让既成的事实成为一种包袱，既不要因为种种遭遇而垂头丧气不思进取，也不要因为过去的种种荣耀和成就而趾高气扬，不可一世。

人需要清空自己心中的一些沉淀，这些东西只会成为自己成长路程中的包袱，该放手时且放手。

很多东西，该放手的时候就要放手。放手是为了更好地获得。

对于荣誉，大可不必放在心上。荣誉是努力的副产品，其实在努力的过程中，人们已经体验到了成功。

有一对父子做瓷娃娃去卖。父亲做的瓷娃娃每个能卖五元钱，儿子刚开始做的时候，每个瓷娃娃只能卖一元钱，后来儿子很是努力，加上父亲总是鞭策他，他的瓷娃娃越做越好，很快就卖到了五元钱。到这个时候，儿子仍然没有放松努力，继续坚持，最后一个卖到了十元钱。儿子有些志得意满了，父亲狠狠批评了儿子。儿子很不服气，对父亲说："我的瓷娃娃一个能卖十元钱，而你的只能卖五元钱，你有什么资格批评我？"父亲一听，长长地叹了一口气说："以后你的瓷娃娃永远都只能卖十元钱了。"最后结果果然如此。父亲年轻的时候也跟儿子一样，因为他的父亲的瓷娃娃只能卖三元钱，等到自己做到五元钱的时候就志得意满了，所以卖了一辈子五元钱的瓷娃娃。

人难免有很多得意与失意。得意不必狂喜，失意不必伤悲。得意的时候应该想到会有失意，而失意的时候更应该明白成功或许就在这失意中。对于伟人和凡人而言，过去的都已经成为过去，在新的起点上，要取得成就，就必须有一种成功者的心态，而且不要将过去的经历当成包袱背在身上。每过一段时间，人都要将自己清零，都要学会从心态上重新开始，在新的起跑线上，有动力，没有包袱，最后才能获得成功。

放弃盲目的执著

科学家曾对马林鱼做过一个试验：把马林鱼放在一个水池里，水池中间用一大块透明玻璃隔着。马林鱼从一头游到中间的玻璃时，想冲过去，可是却碰到了玻璃。结果它的头被碰破了，但它丝毫没有停止的打算，接着又试图游过去。两次、三次、十多次，马林鱼碰得头破血流，但依然向着玻璃冲去。

有时候，人也会像马林鱼一样，盲目地执著于一件对自己来说不可能的事情。

每个人都有自己的兴趣、爱好，都有自己擅长的技能，所以如果想在自己的弱势方面取得一定的成就，是很难的。对于一个人来说，总有一些事情是做不到的。

一个人要想成功就必须把自己的奋斗目标定位在自己所热爱的事情上，而不要选择那些毫无兴趣的事情。比如让一个不喜欢音乐的人去从事音乐创作，那他永远也写不出美妙的音符来，永远也不能靠它来生活，不能靠它有所成就。如果一个人由于读了几本文学书，就认为自己有文学素养，就要立志当一个作家，那他很可能会浪费许多宝贵的时间。

放弃那些不适合自己做的事情，放弃那些不适宜的工作，在准确地认识自己以后，了解了自己的长处和优势之后，再去定夺自己的目标。把那些用在不可能实现的事情上的时间和精力投入到适合自己干的事情上去，也许很快就能成功。即使一时成功不了，坚持下去也必会有所收获。

如果你不愿放手那些对你无益的事情，如果你想在那些事情上消磨时光，那你就会放弃那些对你来说很重要的东西，就会放弃值得你一辈子去追求的东西。所以，该放弃一些东西的时候，就不要觉得可惜，如果不放弃它们，才是真正的可惜。

有时要放弃自己的感情

当同学毕业要各分东西，互道珍重时，每个人都不愿放弃这一段友谊。但每个人毕竟有各自的旅程，不可能长期生活在一起。有时守着一位朋友，只会挡住旅程的视线，从而错过一些更为美好的山水。卸下这段感情，我们才有可能拥有更为广阔的友情天空。既然那段岁月已悠然遁去，既然那个背影已渐渐远去，又何必苦苦守望呢？

如果爱一个人，就应该给他自由，因为人的天性中有一个要求空间的愿望。爱一个人就应该尊重他的愿望和他的需要，让他有空间去自由地决定事情，自由地按照自己的意愿去生活。如果把他禁锢起来，那他就会觉得跟你在一起呼吸困难。也许你怕孤单，也许你缺乏自信，所以你想缠着他。可他却会在你的这种爱的方式下选择离开，因为他担负不起你的压力。等他走后，你才发现自己的错误。

放弃自己所爱的人，是一件痛苦的事，但如果对方已对你没有了留恋，即便你一时勉强把他留下，最终你得到的是更深的痛苦和更多的悲伤。不要以为，你的强求会留下他的心，如果他真的不想走，他会选择留下。如果他属于你，他还会回到你的身边。爱是不能勉强的。

爱，没有永久的保证，只有慢慢地磨合。一个永远不想失去你的人，未必是真正爱你的人，因为他窒息了你充分发展的空间。有时，为了获得爱的永久保证书，结果反而走得越来越远。

曾经有个女孩，她跟一个男孩很要好，可以说她在与他相处的过程中产生了情意。可有一天，男孩却告诉她，他喜欢另一个女孩。女孩觉得自己的心快要破碎了，心里面溢满了苦涩的泪水。她多日的幻想，在瞬间化为了泡影。她知道，这份打击全是因自己的多情而造成的。最后，她选择了坦然面对这份友谊，不超过友谊的防线，用理智的头脑控制了自己的行为。她告诉自己既然执著换来的只是徒劳，那就放弃吧，只有放弃自己的情感才是明智的选择。

她觉得心中少了那份牵挂，反而让自己轻松了许多。她发现了以前曾忽略了的友情和亲情，这时是多么的令人温馨；发现了自己内心的追求，原来是如此的充实。她不再彷徨，不再迷惘。她觉得自己像一片绿叶，摇曳在清新的空气里。所以，学会放弃，才会有新的驿站；学会放弃，才会有美丽的追求；学会放弃，才会有无尽的力量。

每一份感情都很美，每一程相伴也都令人陶醉。有时正是因为遗憾才感到珍贵；有时正是因为思念才觉得留恋。感情是一份没有答案的问卷，苦苦的追寻并不能让生命更加美满。也许多一点遗憾、多一丝伤感，才会让这份答卷更隽永。

不良心态解决技巧

感受幸福的 9 个步骤

林肯说过:"大部分的人,在决心要变得更幸福时,就会有那种幸福的感觉。"

幸福是一种感觉,幸福的根源是我们的头脑,而不是口袋里所藏的东西。所以说,幸福只在一念间。

美国心理学家哈利·克塞克曾经提出感受幸福的 9 个步骤,值得我们借鉴。

(1)换一种心情看生活。把孩子的微笑当成珠宝,在帮助朋友中得到满足感,与好书里的人物共欢乐。

(2)控制你的时间。一天写 300 页书是件很难的事,然而每天写两页则非常容易办到。这样坚持 150 天,你就可以写成一本书,这个原则可应用于任何工作。

(3)增强积极情绪。积累消极的情绪使人沮丧,而积极的情绪催人奋进。幸福的人做的每一件事都是努力消除消极情绪的过程。

(4)优待身边的人。要学会很好地对待亲近的朋友、配偶。

(5)面带幸福感。实践表明真正面带幸福感的人,他们更感到幸福,经常欢笑更能在大脑中引起幸福的感觉。

(6)不要无所事事。不要把自己困在电视机前,要沉浸于能用你的技能做的事情中。

(7)多参加室外活动是对付压力和焦虑的良药。对感到一定压力的大学生做的调查表明,经常在室外锻炼的学生情况要明显好于不参加者。

(8)好好休息。幸福的人精力充沛,但他们仍留出一定的时间睡眠和享受孤独。

（9）有信仰的人更幸福。有无信仰与幸福感的研究表明，有信仰的人比没有信仰的人更有幸福感。

拿得起放得下的4个表现

我们常说一个人要拿得起，放得下，而在付诸行动时，"拿得起"容易，"放得下"难。所谓"放得下"，是指心理状态，就是遇到"千斤重担压心头"时能把心理上的重压卸掉，使之轻松自如。年过八旬的吴阶平教授在谈及精神养生时介绍的一条主要经验就是"不把悲伤的事放在心上"。他认为"人生不如意的事常有八九"，总要想得开，以理智克制感情。著名学才季羡林老教授的养生经验是奉行"三不主义"，其中有一条就是"不计较"。这都体现了"放得下"的心理素质。

在通常情况下，"放得下"主要体现于以下几方面：

（1）财能否放得下。李白在《将进酒》诗中写道："天生我材必有用，千金散尽还复来。"如能在这方面放得下，那可称是非常潇洒的"放"。

（2）情能否放得下。人世间最说不清道不明的就是一个"情"字。凡是陷入感情纠葛的人，往往会理智失控，剪不断，理还乱。若能在情方面放得下，可称是理智的"放"。

（3）名能否放得下。据专家分析，高智商、思维型的人，患心理障碍的比率相对较高。其主要原因在于他们一般都喜欢争强好胜，对名看得较重，有的甚至爱"名"如命，累得死去活来。倘若能对"名"放得下，就称得上是超脱的"放"。

（4）忧愁能否放得下。现实生活中令人忧愁的事实在太多了，就像宋朝女词人李清照所说的："才下眉头，却上心头。"忧愁可说是妨害健康的"常见病、多发病"。狄更斯说："苦苦地去做根本就办不到的事情，会带来混乱和苦恼。"泰戈尔说："世界上的事情最好是一笑了之,不必用眼泪去冲洗。"如果能对忧愁放得下,那就可称是幸福的"放",因为没有忧愁确是一种幸福。

最后想引用一句中国古人的话:"宠辱不惊,看庭前花开花落;去留无意,望天上云卷云舒。"让我们一起来学会"放得下",以此来增强我们的心理弹性,共享"放得下"的养生福分。

第 10 章
一分钟百万富翁
——好心态助你吸引财富

人人都渴望成为百万富翁、亿万富豪,但却不是人人都能成为富翁。有许多人终其一生,一无所有;而少部分人却能够站到财富的金字塔尖,荣华富贵一生。我们相信富有一定有其成功的原因,如果能够揭开富翁的创富秘密,我们也一定能够借鉴地走上创富之路。

将财富列为梦想的主角

美国旅店大王希尔顿认为：完成大事业的先导是梦想，成功或许有运气的成分存在，但若没有一份完美的宏伟蓝图，一切都是白费。

在人生的竞技场上，没有确立目标的人很难获得成功。许多人并不乏信心、能力、智力，只是因为没有确立目标或没有选准目标，从此与成功失之交臂。

年轻人若想致富，首先要树立致富的目标——在确立目标时，必须切合个人实际和环境，绝不要把自己的目标定得遥不可及；其次在确立目标后，绝不要半途而废或随意中止追求目标的进程。

美国汉堡包大王的前任总裁科柏先生在他的回忆录中写道，他事业的转折点，就是他决心要成为"快餐店"老板的一瞬间。

那天他刚刚被提升为市场部的经理，并成为公司的主管之一。当他开着公司给他配的崭新的车子回家时，他意识到：这次升迁其实对他个人所意欲达到的事业、地位没有多大帮助。他的目标在于管理好整个公司，但他刚刚升任的职位却不是公司业务的主流。

科柏所任职的公司是以经营速食快餐为主。为此他放弃了别人非常羡慕的职位，义无反顾地去从事汉堡包的专卖经营，从最低点开始，学习如何做大。一年以后，他被总部调回，当上了营销部主任，没多久，他以杰出的营销才华出任常务副总经理的职位，成为总经理的唯一接班人。

英国的大卫·布朗生于1904年，其父亲经营一间小型齿轮制造厂，几十年一直惨淡经营，仅可以赚取一点生活费。不过，布朗的父亲可以算得上是一个头脑清醒的人，总结自己没有选好奋斗目标的教训，把希望寄托在儿子身上。为此，一方面，严格要求布朗勤于学习和读书；另一方面，每逢假日就差布朗到自己的齿轮厂去参加劳动，与工人们一样艰苦工作,绝不给予其特殊照顾。

布朗在家庭的教育下,在工厂里磨炼了较长时间,养成了艰苦奋斗精神,熟悉了工业技术的知识,形成了自己的奋斗目标。但布朗自己的奋斗目标并不在齿轮厂,而是利用自己在齿轮厂业务积累的经验,向赛车生产这个目标奋斗。

他通过观察,预感汽车大赛将会成为人们的一种流行娱乐。就这样,他克服了重重困难,成立了大卫布朗公司,不惜重金投入,聘请专家和技术人员搞设计,采用先进技术设备进行生产。1948年在比利时举办的国际汽车大赛中,布朗生产的"马丁"牌赛车一举夺魁,大卫布朗公司因此一举成名,订单如雪片般飞来,布朗从此走上发迹之路。

富人之所以能致富,就在于他将眼光投放在正确的地方,进而选择了合适的致富途径。奋斗目标是一个人的动力核心,它能改变一个人的价值观、信念、决策模式和行为方式,进而赋予行动的力量。

每天对自己说:"我要赚大钱!"

一位旅行者穿行在荒无人烟的沙漠中,突如其来的一场风暴使其迷失了前进的方向。形势更为恶劣的是,旅行者仅有的背包也被风暴卷走了,里面装着水和食物。旅行者翻遍身上所有的口袋,找到了一个青青的苹果。

"啊,我还有一个苹果!"旅行者惊喜地叫着。

他紧握着那个苹果,独自在沙漠中寻找出路。每当干渴、饥饿、疲乏袭来的时候,他都要看一看手中的苹果,抿一抿干裂的嘴唇,陡然又会增添不少力量。

一天过去了,两天过去了。第三天,旅行者终于走出了沙漠。那个他始终未曾咬过一口的青苹果,已干巴得不成样子,他却宝贝似地一直紧攥在手里。

在深深赞叹旅行者之余,人们不禁感到惊讶:一个表面上看起来微不足道的青苹果,竟然会有如此不可思议的神奇力量!其实不是苹果有这么大的力量,而是因为苹果给了这个人以信念的力量,正是这种力量才能帮助他走出沙漠,使他获得新生。

约瑟夫·墨菲告诉我们:"想得到财富,必先将财富的观念送入潜意识,不论何时何地,心中先相信你会有很多财富。"他总结自己致富的经验,其中重要的一点就是身心轻松时,每天对自己说几遍下面的话:"我非常喜欢钱,我爱钱,我高兴地用这些钱。同时,希望它能增加几倍再回到我的钱包里。钱实在是好东西,它会向我钱包里源源不断地流进。我一定将它用在适当的地方,我为了自己的利益和财富而感谢你——金钱。"他认为:如果你坚信上面这段话,并且不断地强化这一观念,同时诚实努力地投入工作,潜意识中的欲望就能获得成功。

在这里我们不是要向大家推崇拜金主义,而是要传达一种积极向上的观念,那就是要培养强烈的致富欲望。虽然渴望财富不一定马上就能得到财富,但是时刻存着这种念头,你就会发现许多赚钱的门路;时刻想着致富,你就会找到许多致富的机会。在复杂变幻的现代社会里,许多获取财富机会的把握,往往取决于自己的灵感。渴望的理念使你的眼光更具洞察力。

思想能够促进行动,动机能够激发灵感。要是时刻思考和强烈渴望致富,你就会调动自己的一切能量去追求致富,使自己的一切理念、行动、个性、才能与致富的欲望相吻合;对于一些与致富的欲望相冲突、相矛盾的东西,你就会努力去克服、去消除;对于有助于致富的东西,你就会竭尽全力去寻找。这样,经过长期的努力,你便会成为一个你所渴望的致富者,使致富的欲望更快地变成现实;相反,若是你致富的欲望不强烈,一遇到少许挫折,便退避三舍,将致富的欲望淡化或压抑下去,那肯定一事无成。

时时暗示自己"我有赚大钱的潜力""我有很好的财运"等,这么一来,你就能发挥最大的潜力——成为你所向往的富人。

誓做富爸爸，不做穷爸爸

在美国，一度有本畅销书叫做《富爸爸与穷爸爸》，书中讲的富爸爸没有进过名牌大学，他只上到了八年级，可是他这一辈子却很成功，也一直都很努力，最后富爸爸成了夏威夷最富有的人之一。他那数以千万计的遗产不光留给自己的孩子，也留给了教堂、慈善机构等。

富爸爸不光会赚钱，在性格方面也非常坚毅，因此他对别人有着很大的影响力。从富爸爸身上，人们不光看到了金钱，还看到了有钱人的思想。富爸爸带给人们的还有深思、激励和鼓舞。

穷爸爸虽然获得了耀眼的名牌大学学位，但却不了解金钱的运作规律，不能让钱为自己所用。其实说到底，穷与富就是由一个人的观念所决定的，但却容易受周围环境的影响。

所有的有钱人都有一个共同的观念：誓做富爸爸，不做穷爸爸，用钱去投资，而不是抱着钱睡大觉。

正确投资是一种好习惯，养成这样习惯的人，命运也许从此改变。而那些拥有了财富就止步的人，将会重新回到生活的原点。

提起20世纪80年代的有钱人，大家肯定不约而同地想到"万元户"。在那个年代，听到"万元户"三个字简直如雷贯耳，能拥有1万元钱简直就是家庭拥有巨额财富的代称。当时，1万元钱是普通人连想都不敢想的。时光飞逝，到了今天，1万元可能只是一些中等白领1个月的收入而已……

如果按照银行存款税后利率2%、年通胀率按照5%算，那么如果把钱存到银行，存款的实际利率就已经成为负值。这就是说，假如储户将10 000元存进银行，10年后10 000元钱的实际价值就变成了7 374元，储户的本金等于损失了26%！

一个人如果不养成正确投资的好习惯，让钱在银行睡大觉，就是在跟金钱过不去，就是在变相削减自己的财富。有很多人辛劳一生，到头来却还是穷人，就因为这些人不会把钱变成资本。

可以这样说，富人都是天然的投资家，大多数穷人都只是纯粹的消费者。因此，如果要想不再做穷人，就不但要努力挣钱，用心花钱，还要养成良好的投资习惯，主动猎取回报率能超过通胀率的投资机会，这样才能真正保证自己的钱财不缩水，才能逐渐接近自己的财富目标，才能过上更好的生活。

不过想投资首先还要会投资，投对资。同样是一套房产，购买者可以自己住，也可以出租，还可以转手卖出，购买者的不同处理方法就可以改变这套房的价值。

同样是花钱，有时可能是投资，有时又可能是消费，关键就要看花钱的最终目的是为了以后不断挣钱，还是单纯就为了花钱而花钱。

假如你花钱购买了一套房子，目的是为了让房租流到自己的口袋，那购买这套房子就是投资；假如你购买这套房子，目的只是为了改善自己的居住条件，那它就变成了你的消费。

有钱人总会想尽一切办法把自己的钱变成资产；而穷人却总会心甘情愿地享受消费的乐趣。追其根本，无非就是思维观念的不同。穷人低头劳动，有钱人抬头找市场；穷人用心挣钱，有钱人用心投资；穷人空手串亲戚，有钱人慷慨交朋友；穷人伸手领工资，有钱人考虑发工资；穷人等待被选择，有钱人细细选择别人；穷人学手艺，有钱人学管理；穷人听奇闻，有钱人创奇迹。

有的人说："我没有钱怎么投资？"多年之后，他将依然是穷人。有的人说："我很穷，所以我必须投资。"几年后他将成为有钱人。

在现实中，不少人因为没有钱，所以什么都肯做，从无到有，聚沙成塔；还有很多人由于没有钱，因此什么都不肯改变，只能贫困一生。富人都是具有积极向上的心态和持之以恒精神的人。富有与贫穷，往往只不过是一念所致。

不走多数人走的路

在物质文明极大丰富的今天,追求个性、追求创意已成为人们消费的主流。因此,要想自己的投资项目做得好,能长时间站住脚,好的创意是不可少的——富人便善于借助创意走向致富之路。

好的创意来自投资者对投资领域的深刻理解;好的创意可以带给投资者无限的财富。现在有很多投资者喜欢步人之后,大步跟风,看别人做什么自己也做什么。别人投基金,他也投基金;别人炒股票,他也炒股票;别人投房地产,他也投房地产。可是最后忙活半天,到底赚没赚到钱,只有他自己知道。

精明的张女士很早就知道,没有新意的投资很难赚到钱,所以她不喜欢跟风。当众多投资者争抢着投资一座商务楼各层的铺面时,精明的张女士却相中了该大楼楼顶300多平方米的露天平台,经过多次跟开发商协商沟通后,最终以50万元的价格租得平台20年的经营权。

张女士对这个颇有创意的投资计划十分满意。虽然这个平台办不了产权,但只要能赚钱办不办产权又有什么关系呢?而且这个平台的位置极佳,如果是室内铺面起码也要两三百万元,最终也不过是租给那些开茶楼、咖啡馆的,每个月也无非就租个一两万元,而张女士只花1/4的钱就买下这个平台20年的经营权,虽然也是租给别人做咖啡馆,但是投资成本就低了很多。再加上这里位置好,所以租金甚至比好位置的铺面还要高,更重要的是总有人抢着要租这里。

好的创意不但可以给人们生活增添方便还可以让投资者轻松赚钱。黄先生买下了一个小区里一栋小户型的顶楼一个单元内的10套房,由于一次购买多套住房,因此销售商给了黄先生10%的优惠。再加上顶层跟楼下的住户之间也没任何交叉,因此楼道等空间都可以利用起来。黄先生就用这十套房开了一个小旅馆。

黄先生所在的小区规模很大,住户非常多。随着人们生活水平的提高,现在许多人家里来了客人,都不太愿意在主人家里留宿,因此这个家庭旅馆就颇受欢迎，由于这里离家近、方便、安全而且收费不高，所以生意一直都很好。特别是家里有人嫁娶什么的，老家一来人这个家庭旅馆就全被包出去了。几乎从来不用接小区以外的生意，单是这个小区里的业主就能保证每年大部分时间都有钱赚。

好的创意也许可以为投资者带来意想不到的财富。汽车钢圈商标固定结构器的发明者陈永全就是通过创意发明改变了自己的生活。

陈永全学历仅初中肄业，10多年来一直在台湾摆小摊糊口。可是他在有一年的德国纽伦堡发明展上却拿到了金奖。

原来爱动脑筋的他，有一天午休时，坐在路边看着一辆辆汽车从他眼前穿过，看着看着，他的目光落到了高速运转的车轮上，好奇地思索着："轮圈为什么一定要跟着轮胎转动？"这就成了再简单不过的发明初衷。

年轻时就对机械原理很熟悉的陈永全，花了1个多月时间，亲自动手制作出了固定式钢圈，也就是这个发明，让轮胎中心的汽车商标，即使汽车在高速行驶时，仍然可以看得很清楚。这就让轮胎一下子变成了户外广告的载具。

这个创意取得了7个国家的专利，甚至连福特汽车都来跟他洽谈技术授权问题。所以说，没有不好的市场，只有做不好的企业，在竞争激烈的市场中，投资者如果缺乏创新就很难在市场中站稳脚跟，求新和超前意识永远是企业活力与竞争力的源泉。

只要有钱就拿去做投资

一个穷人在路上捡到一个鸡蛋，回来后，他便高兴地对妻子说："我们可以致富了，我们现在有了一个鸡蛋，我们可以借邻居家母鸡把这只蛋育成小鸡，小鸡长大又生蛋，再孵小鸡，再买牛，卖得的钱可以放债，日复一日，年复一年，我们就可以得到更多的钱……"

从这个寓言故事中可悟出一个道理：如果这个人不把得到的蛋拿去孵鸡，而是吃掉，恐怕就难以实现创富目标。社会上确有一些先富起来的人，只顾眼前，不思长远，总想把"鸡下的蛋"吃光，盲目攀比、盲目消费，就像梦中发了横财，不知如何是好，于是就赌、就吸毒、就比赛烧钞票，而没有想去扩大实业、拓展生意。富人从来不会把生财的"鸡蛋"吃掉，他们深知，钱再多也是有限的，"坐吃"必然导致"山空"。钱财只有流通起来才能赚取更多的利润，才能使优裕的生活得到保证。

美国和苏联成功地发射了载人飞行的火箭，让世界感到震动。其他一些国家认为，这可是提升国力、扩大国际影响的极有效手段，也纷纷准备效仿。但任何国家都不具备单独发射火箭的实力，于是，德国、法国和以色列三国便商议要联合拟订一个载人飞船月球旅行计划。当火箭和太空舱都造好了的时候，他们便开始在这三个国家挑选飞行员。一名德国人首先应征。工作人员在考察了他的条件后问：

"你准备索要什么样的待遇作为报酬？"

德国人回答说："我要 3 000 美元的报酬。"

工作人员又问："你要这么多钱，打算怎么花呢？"

德国人说："我打算把 1 000 美元留着自己用；1 000 美元送给妻子；1 000 美元作为购房基金。"

接下来是法国人参加应征。法国人索要的报酬是 4 000 美元。他说，除了德国人所想到的那些支出外，他还需要 1 000 美元送给自己的情人。

最后轮到以色列人了。以色列人开出的条件是 5 000 美元。他对主持应聘的人说："拿到这笔钱后，1 000 美元给你，1 000 美元给自己，其余 3 000 美元，我将雇那个德国人来开飞船！"

也许你会说故事中的犹太人太过狡猾，但却反映出了犹太人一有钱就用来投资的理念，正是这种理念让犹太富翁比比皆是。

一位成功致富的人士曾对资金做过这样的比喻：资金和企业如同血液与人体。他告诉我们，即使一个已拥有一定财富的人，如果把钱用于盲目的消费，而不愿意用来周转，那么对于未来的事业来说，就像人体有了充分的血液,但心脏已经坏死,不再能够促进血液循环一样,其事业也会静止不动而死亡。只有把手中的钱再合理地运用到经营投资活动中,才能获得更高效益,赚到更多的钱。

将金钱视为谋求幸福的工具

19世纪,在太平洋的一个小岛上,岛民们用开采出来的一种石头当钱。这种石头的直径从1英尺到12英尺不等,每块石头的中心都钻了一个洞,可以用木棒从这个洞穿过去来搬运这些非常重的石头。

岛上的居民将这种石头钱叫做斐。有些石头是从离这个小岛不远的另一座小岛开采出来的。这种石头是洁白的、纹理细密的石灰石。

如果石头的质地符合要求,那么石头的大小就是决定其价值的最重要的因素。由于许多石头都太大了,不能方便地在岛上运送,因此就导致了当地斐钱的独特交易。

当钱的所有权已转移时,真正的那块石头仍待在原地。

斐钱的上一个所有人只需发表一个口头声明,说钱已经易主了。新的所有人甚至不用在石头上做任何形式的记号。这块石头也许仍待在上一个所有人那儿,但每一个人都知道它已经被易手了。岛民们通常用椰子、烟草、成串的珠子来当作斐钱的硬币。

1898年,德国政府从西班牙手中夺得了这座小岛。小岛上当时没有路,而那些羊肠小道又非常糟糕,因此岛民们被命令去修建道路。

然而,历代以来,岛民们已习惯于踯躅在这些小道上,肩膀上摇摇晃晃地扛着用杠子穿起来的斐钱。他们不需要,也不想改进这些小道。

面对岛民们的消极抵触,德国当局不得不构想对策,怎样才能促使他们执行计划呢?德国人认为,岛民们的财富也就是斐,散布在岛上的各个地方,要把它们全部没收,可就费大工夫了。即使这些石头全都能被搬动,把它们放在哪儿呢?最后德国人想出了一个计谋。他们派出了一个人，这个人拎着一罐黑色染料在岛上四处转悠。在那些斐上，他画上一个小小的黑十字。

然后，德国人宣布，这些小黑十字意味着这些石头不再是钱了。这座小岛的岛民们被一个油漆刷子剥削得干干净净，一文不名。岛民们立即动手来改善道路。当他们完成了工作时，德国当局非常满意，他们又派出了另外一个人，让他去把那些斐上黑十字去掉并宣布那些石头又是钱了。岛民们因财产失而复得而欢欣鼓舞。

除了在斐上刷上油漆又把油漆弄掉导致岛民们一悲一喜以外，岛上什么也没变。德国当局的聪明之处在于，他们成功地控制了斐的价值。

我们很少想到，在我们的头脑中，人为地赋予了金钱多么大的力量。如果不是我们自己在头脑中将钱的力量夸张扩大，钱真的是没有什么力量可言。金钱本身从来没有建起过一幢大楼，制造过一件产品，拯救过一次生命，或提出过精明的投资建议。尤其在现今的社会中，钱只是毫无价值的纸片——真的是毫无价值，除非我们赋予其价值。

富翁对乞丐说："我比你有钱，你不尊敬我吗？"

乞丐说："你的钱又不给我，我何必尊敬你？"

富翁说："我给你一半钱，你不尊敬我吗？"

乞丐说："我跟你一样有钱，何必尊敬你？"

富翁说："我把全部的钱都给你，你总该尊敬我了吧？"

乞丐说："你既然没了钱，就该尊敬我了。"

难怪连乞丐都瞧不起这个富翁，因为他让一点钱给"烧包"了，花钱都买不到尊敬！

金钱的一切魅力都是由人赋予的。

一个执著于金钱而不能敞开心灵的人，到了最后会感到非常受挫，有人因此而将所有的钱都抛弃，放弃世俗而跑到山上去，或进入西藏的僧院去当喇嘛。金钱是可以被使用的，但是那些不了解金钱的人不是成为吝啬鬼，就是将所有的金钱都抛弃，因为在抛弃当中，他们希望找回自己的幸福。抛弃成为一种逃避。他们就是无法使用金钱，他们在使用金钱的时候总会觉得害怕，他们摆脱不了金钱的束缚。

富人拥有金钱，并会分享它，因为他知道钱并不是为它本身而存在的，它是为生命而存在的。

如果他觉得生活需要钱、爱需要钱，他可以完全将它抛弃，但这不是一种弃俗，他是在使用金钱。对于富人而言，金钱从来不是他们的目的地，而是他们到达目的地的工具。他们的真正的目的地是挑战自我、征服世界、证明自己的力量、内在价值的实现、凭一己之力制造出家人以及朋友的幸福……

成为亿万富翁的关键特质

维亚康姆集团是美国第三大传媒公司，包括拥有39家地方电视台的电视集团、制作节目超过55 000小时的派拉蒙电视集团、成立于1912年的派拉蒙电影公司（其库存影片超过2 500部，包括《星球大战》《阿甘正传》《教父》《碟中谍》《泰坦尼克号》等经典影片）。

有人问维亚康姆集团董事长雷石东有多富，他回答说："非常、非常富，也非常、非常棘手。"

82岁的雷石东拥有维亚康姆70亿美元的股份，他仍然密切参与管理自己的财富，以及管理这笔财富背后的巨无霸企业。倒不是两者很容易区别开来，因为在竞争激烈的高科技媒体领域，维亚康姆经受了不少企业风暴。当然更重要的是，不停地壮大他的财富帝国的雄心，这份雄心人让他在面临灾难的时候能够激发出坚强的意志。

1979年，在波士顿考普利广场酒店发生了一场大火，雷石东在这场火灾中受到严重伤害，他的身体有45%的部位被烧伤，当他的身体着火时，15分钟没有松手。在营救人员够着他的时候，他的手腕几乎要被火烧断了，全靠悬在窗台上才幸免于难。

当人死里逃生的时候，许多人可能会对生命有了新的看法，放慢奋斗的步伐。但雷石东却没有这样,他继续进行事业上最大的几笔交易,包括收购哥伦比亚广播公司(简称CBS,美国三大电视网之一)。由此可见其追求财富的雄心。

雷石东说:"我有一种执著的竞争精神,我不知道那是家族遗传还是环境造成的。谁在乎这些?那就是我。"

无论如何,在这种决心的推动下,他获得了哈佛大学的奖学金,取得了法律学位,发明了多厅影院,建立了维亚康姆,还有很重要的雷石东媒体帝国的分支机构,覆盖全球7.8亿家庭观众,拥有美国的两个电视网——哥伦比亚广播公司和派拉蒙电视网,众多的有线频道,还有西蒙—舒斯特出版公司。

像雷石东一样,许多的亿万富翁们在有了很多钱以后,并没有功成身退,成天只管打高尔夫球;他们不买私人飞机和豪华轿车。他们的理由就是"绝无可能放慢追求财富的脚步"。

俗话说,只有想不到的事,没有干不成的事。但是实际上,我们的习惯是说了不做,或者是说得多做得少。对待财富也是如此,精神上的畏缩让人没有信心和勇气去追求金钱。众多的亿万富翁都在执著地渴望证明自己在社会中的成就和地位。一般而言,成为亿万富翁的关键,是拥有获得成功的坚韧不拔的决心。

一位哈佛大学的成功人士告诫人们:"要渴望赚钱,不挥霍或将它留给后人,而要把钱看作自身价值的象征。因此你的钱永远赚不够,因此没理由停止追求更多的财富,即使困难重重也继续前进。你通过金钱寻求安全感,这是一种金钱永远无法满足的、心理上的安全感。"永远赚不够,这就是财富哲学中所包含的智慧所在。

实现财富的梦想,除了雄心之外,还要有将致富欲望转化为致富目标的坚韧意志。让任何诱惑都改变不了既定的目标,任何困难都阻挡不了致富的步伐。在充满荆棘和坎坷的道路上,只有不畏艰难,向着目标不断迈进的人,才能使致富的心愿变成事实。

再穷也要站在富人堆里

在电影《当幸福来敲门》中,有一个场景令人记忆深刻。

克里斯·加德纳(威尔·史密斯饰演)在一个股票经纪公司实习。实习生共有20人,他们必须无薪工作6个月,最后只能有一个人被录用,这对克里斯·加德纳来说实在是一个极大的挑战。实习期间,克里斯接受了一项任务,推销股票。有一个机会,他去拜访一个成功的客户。这个客户住在高档的别墅里,有花园、游泳池,当然他还有着自己的不小的产业,俨然一位成功人士。克里斯看看自己:只是一个穷小子,租不起房,且只有一件穿得出去的衣服。面对这个有钱人,克里斯并没有自惭形秽,而是像一个老朋友一样,打招呼问候,并和他一起去包间看橄榄球比赛。这些生活对克里斯来说,曾经是做梦也无法达到的。克里斯与这些成功人士一起,推杯换盏,谈笑自若,毫不拘束。后来,这个客户又给克里斯介绍了很多生意。

最终,克里斯凭借自己的努力完成了任务,脱颖而出,获得了股票经纪人的工作,并且随后创办了自己的公司。

"穷也要站在富人堆里",这是犹太人所信守的一条格言,克里斯·加德纳做到了,所以他成功了。

要想成为富人,我们应该牢记,要摆脱穷人的命运,就要站在富人堆里,站在成功者的人群里。富人会以富人方式思考问题,而排在穷人之首则永远无法摆脱穷人的思维方式。有时候,位列富人之尾比起作穷人之首可能更不像富人,但他们仍宁愿进富人之列。

犹太人中富人众多,实际上就是由于他们拥有富人的思维方式。这不是什么实用技术,而是一种处世哲学。

穷到富的转变是大多数人憧憬的,但没有致富的思想和手段,富有股实只是聊以自慰的幻想。穷人不能只是慨叹命运不济。穷人只有站在富人堆里,汲取他们致富的思想,激发自己成功的斗志,比肩他们成功的状态,才能真正实现致富的目标。

不良心态解决技巧

摒弃 6 种贫穷的心态

有一个旅行者,事事都讲求速度,他几乎随时都在计算自己浪费了几分钟的时间。

一天,他口渴了,好不容易找到一口井,喝足了水后,他灵机一动:何不把身上带的饭团一块儿吃了,这样就免得每次吃完饭团后,又得重新找水漱口,浪费时间!于是,他从行囊里取出饭团,不料才咬了一口,就有一只不识相的蜜蜂飞来,蛰了他一下,他觉得很痛,手一松,饭团掉在地上,那个被弄脏的饭团已经不能吃了,他非常心疼,却也无可奈何,只好牺牲了这一顿饭。

对于想快速致富的年轻人,我们的忠告是:投资理财并不适合你。因为,投资理财是个慢工出细活、欲速则不达的事情。利用投资创造财富的力量,虽然比我们想象的要来得大,但是所需的时间却比想象的来得久。

投资理财能够缓慢而稳健地致富,但是用小钱投资,想在短时间内赚取百万的财富是不可能的。试想,母亲能不经过怀胎十月生出婴儿吗?农夫可否缩短稻苗成长的时日?财富的增长与生命的成长一样,不可能一步登天。这是自然界的客观规律,是不可改变的自然法则。

多少投资人在短时间赚得大钱,也在一夜间破产,其成功是由于侥幸,其失败则在于"可能侥幸一时,但不可能经常侥幸"。任何一夕致富的投资机会,必定潜藏着更高的一夕致贫的风险。这就是为什么要想靠理财一夕致富者之中大多数人的下场是血本无归或倾家荡产。

比尔·盖茨曾经说过:"当你有了 1 亿美元的时候,你就会明白,钱不过是一种符号,简直毫无意义。"

投资者应该在投资之前，做好各方面的调查和准备，在投资中保持平和健康的心态，做到胜不骄，败不馁。每个投资者都必须认识到凡是投资就会有风险，再高明的投资者，也会有失手蚀本的可能。常言道："神仙也有打盹的时候"，就是这个意思。

因此，投资者在投资之前要先想好，如果出现问题，应该怎么应对。冷静面对突然变故，是一个投资者必备的心理素质。不过要想做到这一点，必须先要丢弃一夜暴富的打算。

对于投资者来说，冷静的头脑是必不可少的。在做投资决策时，投资者万万不可缺乏理智，感情用事。有些投资者在投资活动中，往往喜欢意气用事，仅凭一时冲动就贸然投资，这些人最后往往会失败。

一个聪明的投资者在做任何投资决策之前，一定是先制定详尽的投资计划，设计好投资策略，斟酌分析多次之后，还要与业内人士、专家、亲戚、朋友以及家人等商量，尽可能地完善投资策略，降低投资风险，最后才会做出投资的决定。而那些不冷静的投资者，往往是仅凭头脑一热就贸然做出糊涂的投资决定。

投资者一定不要在头脑冲动时做出任何投资决定，因为人是有情感的动物，常常容易受到不良情绪的干扰，容易在冲动的时候做出冲动的决定。所以，投资者在冲动的时候，一定要控制自己的情绪。不经过深思熟虑的投资决定往往会令投资者陷入难以想象的困境，甚至终生后悔。所以奉劝投资者千万不要意气用事随意做出不冷静的投资决定。以下几点投资者应当注意。

1. 急功近利要不得

成功的短线投资者在投资之前一般都会非常关注长线走势，然后再快速决定短线投资应该如何操作，也就是长期研究短期决定。失败的投资者则恰恰相反，认为长期研究太麻烦，只想凭运气尽快"大赚一票"，然后转身就跑。可是赶上好运气的人实在太少，所以大多数人往往会失败。

不论长线还是短线的投资者都应该首先从观察月线起，然后是周线，然后日线，再后来是八小时线、四小时线、两小时线，然后再操作。

2. 贪念要不得

许多投资人对投资知识一知半解，知道应该低买高卖，于是就对价格进行大胆预测。当价格还没有真正大幅回档前就已经在勇敢地买进，再跌再买，越跌越买进，还搬出所谓的背离理论，试图说服或麻醉自己及周围认同他观点的朋友。结果当然是泥足深陷终至负重难返。

3. 超人心态要不得

总有许多投资者自认为有超人般的预测力，常常以居高临下的口吻大谈大盘走势。例如：现在某某正处于4.2元的高价位，不宜在此价介入。可是他忘了，该股在3.0元的时候他就说过此话。

4. 随大流心态要不得

总有投资者非常不自信，宁可花几千元去听一场所谓的投资名家讲座，也不肯冷静地坐下来好好分析一下市场，总喜欢把自己的投资交易放到别人的手里。例如一位投资者听从了股评师的建议全仓购进某支股，结果不久大跌，该投资者破产了。

5. 以偏概全要不得

这类投资者的最大特点就是"死鸭子嘴硬"。他们把一两个个例当成事物的普遍规律，再给其冠以合理的美名，然后就死扛。

有个投资者2002年自美元兑日元（USD/JPY）在130.00时，便开始买入美元兑日元（USD/JPY）。沿途以各种手段加码（例如，远汇选择权等），手上抱了一堆日元空单。他认为日本企业缺乏竞争力，管理严重不良，且美元利率高出日元许多，日本政府要日本经济复苏便会干预日元升值。诸多因素相加，使他认为美元兑日元（USD/JPY）非涨不可，日币非贬不可。

没过多久，他看到美元兑日元（USD/JPY）跌到120.00，已跌了1 000点，竟然还想可不可以再加码摊平成本。1 000点啊，以这种拼搏的精神，早该赚大钱了。后来美元兑日元（USD/JPY）跌到110.00以下（又一个1 000点）这位投资者却依旧抱着他的理念不肯放手。

6. 时髦心态要不得

许多投资者总是乐于赶时髦，什么新鲜投什么。欧元发行之初，有的投资者对欧元盲目乐观，见别人买自己也买。甚至有的投资者将其视为"新股上市"，舍命追价，结果不到两年的时间，欧元价格跌了近1/3，令许多人叫苦不迭。

事实上，几乎每次新经济或新措施大都会出现此类灾难。在随后的国内B股开放，也让喜欢赶时髦的投资者烧了不少银子。

巴菲特的"三要三不要"理财法

巴菲特和索罗斯都是世界上著名的投资家，但两人的投资风格大相径庭，索罗斯喜欢激进和冒险，崇尚"要么赚很多钱，要么赔很多钱"；而巴菲特则追求稳健投资，绝不做"没有把握的事情"。善于控制风险的富人谨遵巴菲特的"三要三不要"理财法。

1. 要投资那些始终把股东利益放在首位的企业

巴菲特总是青睐那些经营稳健、讲究诚信、分红回报高的企业，以最大限度地避免股价波动，确保投资的保值和增值。而对于那些企图利用配股、增发等途径榨取投资者血汗的企业，巴菲特则一概拒之门外。

2. 要投资资源垄断型行业

从巴菲特的投资构成来看，道路、桥梁、煤炭、电力等资源垄断型企业占了相当份额，这类企业一般是外资入市购并的首选，同时独特的行业优势也能确保效益的平稳。

3. 要投资易了解、前景看好的企业

巴菲特与一般人只注重概念、板块、市盈率的投资方式不同，凡是投资的股票必须是自己了如指掌，并且是具有较好行业前景的企业。不熟悉、前途莫测的企业即使被说得天花乱坠也毫不动心。

4. 不要贪婪

1960年的美国股市牛气冲天，到了1969年，整个华尔街进入了投机的疯狂阶段,每个人都希望手中已经涨了数倍的股票一直涨下去。面对连创新高的股市,巴菲特却在手中股票涨到20%的时候就非常冷静地悉数全抛。后来,股票出现大幅下跌,贪婪的投资者有的血本无归,有的倾家荡产。

5. 不要跟风

2000年,全世界股市出现了所谓的网络概念股,一些亏损、市盈率极高的股票一沾上网络的边便立即鸡犬升天。但巴菲特却不为所动,他称自己不懂高科技,没法投资。1年后全球出现了高科技网络股股灾,人们这才明白"不懂高科技"只不过是他不盲目跟风的借口。

6. 不要投机

巴菲特的"投资不投机"是出了名的,他购买一种股票绝不在意来年就能赚多少钱,而是在意它的投资价值,更看中未来5~10年能赚多少钱。他常说的一句口头禅是:"拥有一只股票,期待它下个早晨就上涨是十分愚蠢的。"

邓普顿的16条投资法则

约翰·邓普顿(John Templeton)被喻为投资之父,这不仅在于他的91岁高龄,还因为他是验证价值投资的典范,并且让美国人意识到了海外投资的美好利润前景,开创了全球化投资的先河。邓普顿自1987年退休之后,全身心投入传教事业中,还著书立说发表自己的人生哲理,将其投资法则归纳为16条。很多富人都极为推崇邓普顿的这16条投资法则。

1. 信仰有助于投资

一个有信仰的人,思维会更加清晰和敏锐,大大降低犯错的概率。保持冷静并且意志坚定,便不会被市场环境所影响。

2. 谦虚好学是成功法宝

那些自以为对什么问题都知道的人,其实对问题的了解未必透彻。在投资领域,狂妄和傲慢所带来的是灾难,也是失望。聪明的投资者应该知道，走向成功是不断探索的过程。

3. 要从错误中学习

避免投资错误的唯一方法是不投资，但这却是你所能犯的最大错误。不要因为犯了投资错误而耿耿于怀，更不要为了弥补上次损失而孤注一掷，你应该找出原因，避免重蹈覆辙。

4. 投资不是赌博

如果你在股市不断进出，只求几个价位的利润，或是不断抛空，进行期权或期货交易，股市对你来说已成了赌场，而你就像赌徒，最终会血本无归。

5. 不要听信小道消息

小道消息听起来好像能赚快钱，但要知道"世上没有免费的午餐"。

6. 投资要做功课

买股票之前，至少要知道这家公司出类拔萃之处，如自己没有能力办到，便请专家帮忙。

7. 跑赢专业机构性投资者

要胜过市场，不单要胜过一般投资者，还要胜过专业的基金经理，要比大户更聪明，这才是最大的挑战。

8. 价值投资法

要购买物有所值的东西，而不是市场趋向或经济前景。

9. 买优质公司股份

优质公司是比同类好一点的公司，例如在市场中销售额领先的公司，在技术创新的行业中，科技领先的公司以及拥有优良营运记录、有效控制成本、率先进入新市场、生产高利润消费性产品而信誉卓越的公司。

10. 趁低吸纳

"低买高卖"是说易行难的法则，因为当每个人都买入时，你也跟着买，造成"货不抵价"的投资。相反，当股价低、投资者退却的时候，你也跟着出货，最终变成"高买低卖"。

11. 不要惊慌

即使周围的人都在抛售，你也不用跟随，因为卖出的最好时机是在股市崩溃之前，而并非之后；反之，你应该检视自己的投资组合，出售现有股票的唯一理由，是因为存在更具吸引力的股票，如没有，便应该继续持有手上的股票。

12. 注意实际回报

计算投资回报时，别忘了将税款和通胀算进去，这对长期投资者尤为重要。

13. 别将所有的鸡蛋放在同一个篮子里

要将投资分散在不同的公司、行业及国家中，还要分散在股票及债券中，因为无论你多么聪明，也不能完全百分之百地预测或控制未来。

14. 对不同的投资类别抱开放态度

要接受不同类型和不同地区的投资项目，现金在组合里的比重不是一成不变的，没有一种投资组合永远是最好的。

15. 监控自己的投资

没有什么投资是永远的，要对预期的改变做出适当的反应，不能买了只股票便永远放在那里，美其名为"长线投资"。

16. 对投资抱正面态度

虽然股市会回落，甚至会出现股灾，但不要对股市失去信心，因为从长远而言，股市始终是会回升的。只有乐观的投资者才能在股市中胜出。

泰勒·巴纳姆的理财方法

为新沙发配新椅子，为新椅子配新桌子，为新桌子配新家具，为新家具配新房子，有些人就这样沉沦在无尽的欲望中，永远被富人俱乐部拒之门外。

泰勒·巴纳姆出身卑微，从杂货店店员起家，后来创立了世界上最大的联合马戏团,成为世界上最有钱的人之一。这位白手起家的前辈,他的财富理念和积累财富的方法与众不同,富人常会参考泰勒·巴纳姆的理财方法。

1. 只求舒适,拒绝奢侈

致富的方法中包含一个最简单的方法,那就是量入为出。正如米考伯先生(英国作家狄更斯小说《大卫·科波菲尔》中的一个人物)所说:"一个人,如果每年收入20英镑,却花掉20英镑6便士,那将是一件最令人痛苦的事情;反之,如果他每年收入20英镑,却只花掉19英镑6便士,那将是一件最令人高兴的事。"你或许会说:"这个道理我们知道。这叫作节约,就像吃蛋糕,蛋糕吃完了就没有了。"但是知道是一回事,能不能身体力行又是一回事,很多人就是在明知这个道理的情况下破产的。

节俭总是意味着收大于支。旧衣服可以再穿一穿,新手套可以暂时不买,食物可以不必太讲究,房子可以住得小一些,能自己做的事情就不要雇别人来做。在这样的情况下,除非出现意外,否则一个人终其一生,肯定可以积攒一笔不小的财富。这里一分钱,那里一块钱,如果存起来,加上利息,就会不断增加。如果你再懂得如何合理地投资和理财,比如在适当的时候投资房地产,将存银行的钱换成国债以获取更高的利息,那么,你的财富的增长速度将会更快。建议你从现在开始,准备一个小册子,画上表格,记录下你的每一笔开支。表格可以分为三栏:一栏为生活"必需品",另一栏为"舒适品",再一栏为"奢侈品"。不久你就会发现,你花在舒适品或者奢侈品上的钱,远远超过生活必需品,有时候会超过10倍不止。这样的花费其实是没有必要的。

富兰克林博士说:"是别人的眼光而不是自己的眼光毁了我们。如果世上所有的人除了我都是瞎子,那我就不必关心什么是漂亮的好衣服,什么是华丽的家具了。"就算这个世界上根本没有瞎子,你也不必为了愉悦别人的眼光而跟自己的钱财过不去。

2. 警惕为鞍买马

一位富商，在他因为一笔生意赚到一笔大钱的时候，给家里买了一个考究的新沙发。光那个沙发，就花了他3万美元！沙发运来了，却发现茶几不配套，于是又更换茶几，然后是桌子、椅子，一直到最后将整个家具全部都换掉了。这时却又发现，和容光焕发的新家具比起来，房子未免显得太老、太旧。于是拆掉旧房，盖上和新家具相配的新房。就这样，为了这个沙发，他的花费加起来竟然达到30万美元。然后为了维护它，他每年还得花11万美元。而在此之前，他每年只要花上几千美元，就可以过得相当舒服，而且没有那么多烦恼，没有那么多要操心的东西。这个沙发最后甚至差点将他拖到破产的边缘。

这样的惨痛经历，使得富商认识到，不能再做这样"为鞍买马"的傻事了。可是，看看自己，是不是也在重复做着同样的傻事。比如买了一件新衣服，于是要配上相应的项链、手表、手提包，相应的裤子、皮鞋，然后要更换相应的车子，再往后要上符合身份的饭馆……这样的消费是没有穷尽的。就算是一个本来很富裕的人，以这样的方式去消费，也很快就会将家财荡尽，更何况有些人本来就不太富裕。

3. 小心为消费负债

负债会轻易剥夺一个人的自尊，甚至使人们自己鄙视自己。当债主上门要债时，你却无钱还债，死皮赖脸，久而久之，你就会变成一个无赖，不知尊严为何物。

曾经有一个乡下的富翁教育他的儿子说："约翰，千万别去赊账，非赊不可的话，就去赊点粪肥，它们可以帮你还账。"这话的意思是说，如果你万一要赊账要举债的话，也应该是为了投资，为了赚更多的钱，积累更多的财富。如果仅仅是为了穿好的、吃好的，住大房子，开好车子，在人们面前打肿脸充胖子，那么千万不要去举债。

4. 付出总会有回报

不论你有多么辛苦，也不管你有多么疲劳，都不要把应该现在做的事情推到以后去做，哪怕只是推迟一小时。有多少人只是依靠勤勉就取得了人生的成功，而他们的邻居却为了每天多贪睡几个小时穷困一生。

斗志和勤奋，是成功人生必不可少的两个因素。

自助者天助之。有些人只是成天坐在那里，抱怨这个，抱怨那个，抱怨别人都有机会发财而他却没有机会。在大多数时候，机会是不会从天上掉下来的。

5. 别老想着花别人的钱

有个年轻人，走路干活都显得懒洋洋的。

有好心人问他："为啥一天到晚老是一副无精打采的样子呢？"那个年轻人读过书，受过很好的教育，有很高的学历。他说："我受那么多的教育可不是为了最后来给别人当伙计的。我得自己干，自己当老板。"年轻人心高气傲，可以说是件好事，但当问他为什么不从现在就开始自己干呢？他却说："我没有启动资金。我在等待我的启动资金。"他说他有一个年迈的姨妈，非常有钱。"她没几天好活的了。要是她不能够马上就死，那我会再去找其他一些富有的老家伙。他们会借给我几千块钱，那样我就可以开始了。只要拿到启动事业的资金。我一定会干好的。"

有谁会相信一位等待启动资金的人能干出一番事业来呢？没有经过磨难得到的资金是不牢靠的，这就是钱来得快去得也快的道理。在这样的情形下，他并不会知道金钱的真正意义和价值。没有自我约束、纪律、节俭、耐心、毅力，总是指望着以别人的钱而不是自己的积累去开创一番事业，这样的心态是可怕的，也不可能获得成功。这位年轻人所指望的那些老人，比如他的那位姨妈，是如何获得成功的？事实上，很多富人都是白手起家。他们依靠的是自己坚定的意志、决心、努力、执著、节俭，以及良好的习惯，才获得成功的。在他们渐渐发迹的过程中，他们将钱小心地积攒下来，才成就了他们晚年的富裕，这也是积累财富的最好方法。

不要指望天上掉馅饼！不要老想着花别人的钱！己所不欲，勿施于人！这是泰勒·巴纳姆对每位年轻人的忠告。

6. 集中所有力量

执著地敲打一只钉子，使劲地敲，直到它最后钻得很深很透。关注一项事业，坚持干好，直到成功，或者直到经验告诉你可以放弃。当一个人的精力没有分散，全都执著于一项任务，他的头脑会一直想着如何改进这项任务，那他一定会不断提高。可是要是脑子里同时装了十几个不同的项目、任务，那专注力也会开小差，离他而去。财富也就那么从手中滑落，所以请记住，当你在做一件事情时，要集中你所有的力量，尽心尽力地将它做好。在做好这件事情以后，再去做下一件事情。

正如老话所说，打铁要一片一片地打，不能全部放在一起打。全部放在一起打，你最后得到的将只会是一堆废铁。

7. 小心这样的朋友

当一个人有钱以后，通常可以看到，他身边马上会聚拢一堆人。这些人都自称是他的朋友。他们教他怎样打牌，怎样吸烟，怎样识别各种不同品牌的雪茄和葡萄酒，怎样玩最新鲜有趣的游戏，总之，都是让他往外掏钱的玩意儿。辛苦赚来的钱很快就在这些朋友的"关怀"下被挥霍一空。

有时候他们也会告诉他在哪里哪里，有一个如何如何好的机会，"保证你能大赚一笔！"结果为了赚到几千块钱的意外之财，他可能损失掉几万块钱。

这些朋友最擅长的就是对人进行吹捧，在这样的吹捧下，很多人很快就会忘乎所以，以为自己真的有点石成金的金手指，是无所不能的大神仙。你可能听到他们中的一位说："哎呀，对这门生意我一窍不通，只有你能教我。"于是你慷慨地教他，全然忘了你自己对这门生意同样一窍不通，并且在对方的甜言蜜语下，慷慨地投入1万元，继而追加到2万元、3万元，一直到你最后彻底破产，你才幡然醒悟，可是这时为时已晚。

这时候你才明白自己原来不是大神仙，也没有点石成金的金手指。

过去的那些"亲密"朋友这时候却一哄而散，只留下你一个人在那里孤孤单单地品尝失败的滋味。这样的事情从古至今一直在发生着，相信将来也会继续发生着。

泰勒·巴纳姆的忠告是：千万不要糟蹋自己辛辛苦苦赚来的金钱。当你有钱了才来到你身边的朋友，紧紧跟随你的朋友，将你夸得跟朵花似的朋友，而在你没钱时，在你未发迹之前踪影不见的朋友，都不是真正的朋友。

你要小心这样的朋友！

8. 不要吹牛

有些人身上有许多愚蠢的毛病，其中有一项就是吹牛。钱还没有赚多少，就到处乱吹，百万富翁吹成千万富翁，千万富翁吹成亿万富翁。他们这样做非但不会有什么收获，反而时常会让他们陷入无可奈何的窘境，到时候，有人求他们借钱怎么办？借还是不借？有人要求他们超出自身能力的捐献赞助怎么办？捐还是不捐？所以，千万不要吹牛，吹牛有百害而无一利。往小里说，吹牛可能使你丧失名誉，严重一点，你可能无端地为自己的事业制造许多的障碍，而这些障碍本来是不应该存在的。

9. 保持正直的操守

正直操守比钻石和金钱更珍贵。

缺乏正直操守的人，也不可能真正享受到成功的喜悦，因为真正的喜悦需要用一颗和平、安宁的心才能真正体会到。

金钱本身无所谓善恶，是人们对金钱不加节制的欲望，才使金钱成为所谓的万恶之源。

就金钱本身来说，如果使用得当，不仅是家中得力的帮手，而且可以给自己和他人带来幸福和满足。正如莎士比亚所说："金钱是人们的好朋友。"对金钱的渴望无所不在，无可指责，但是记住，当你拥有了足够的金钱以后，你也必须承担因为拥有大量金钱而带来的各种社会责任，比如修桥补路，乐善好施等。

洛克菲勒的8种赚钱理念

约翰·洛克菲勒是美国实业家、超级资本家、美孚石油公司（标准石油）的创办人。他是现代商业史上最富争议的人物之一。一方面，他创建的标准石油公司，在巅峰时期曾垄断全美80%的炼油工业和90%的油管生意；另一方面，洛克菲勒笃信基督教，以他名字命名的基金会，秉承"在全世界造福人类"的宗旨，捐款总额高达5亿美元。

这种看似相互冲突的精神状态，使洛克菲勒的创业史在美国早期富豪中颇具代表性：异常冷静、精明，富有远见，凭借独有的魄力和手段，一步步地建立起庞大的商业帝国。

洛克菲勒有着怎样的赚钱理念呢？

1. 光明正大赚钱

"我一直财源滚滚，心如天助，这是因为神知道我会把钱返还给社会的。"

"上帝为我们创造双脚，是要让我们靠自己的双脚走路。"

"给予是健康生活的奥秘……金钱可以用来做坏事，也可以是建设社会生活的一项工具。"

2. 为工作要有建设性的争吵

"良好的方案往往不是由互相容忍得来的，而是争吵的结果。"

3. 知识+智慧

"知识是外在的，是我们对所见事物的认识；智慧则是内涵的，是我们对无形事物的了解；只有两者兼备，你才能成为一个全面发展的人。"

4. 自信与坚持

"除非你放弃，否则你就不会被打垮。"

"我总是设法把每一桩不幸化为一次机会。"

"每个人都是他自己命运的设计者和建筑师。"

"从贫穷通往富裕的道路是畅通的，重要的是你要坚信，我就是我最大的资本。"

"在我眼里，'侮辱'一词的词义已经转换，它不再是剥掉我尊严的利刃，而是一股强大的动力。"

5. 勤奋务实

"凡事都得试试，哪怕希望微乎其微。"

"从最底层干起，一点一点地获得成功，我认为这是搞清楚一门生意的基础的最好途径。"

"智慧之书的第一章，也是最后一章，是天下没有白吃的午餐。"

"财富是意外之物，是勤奋工作的副产品。每个目标的达成都来自于勤奋的思考与行动，实现财富梦想也依然如此。"

6. 设计运气，把握时机

"设计运气，就是设计人生。所以在等待运气的时候，要知道如何引导运气。这就是我不靠天赐的运气活着，但我靠策划运气发达。"

"忍耐并非忍气吞声、也绝非卑躬屈膝，忍耐是一种策略，同时也是一种性格磨炼，它所孕育出的是好胜之心。"

"打先锋的是笨蛋，不管他们如何吹牛。只有看准时机的后来者才能赚大钱。"

"让别人打头阵，瞅准时机给他一个出其不意，后来居上才最明智。"

7. 做生活的强者

"与其生活在既不胜利也不失败的黯淡阴郁的心情里，成为既不知欢乐也不知悲伤的懦夫的同类者，倒不如不惜失败，大胆地向目标挑战！"

"我需要强有力的人士，哪怕他是我的对手。"

"越是认为自己行，你就会变得越高明，积极的心态会创造成功。"

"任何事情你钻得深，就引人入胜，就越来越重要。"

8. 循序渐进、稳扎稳打

"凡事都需要看得远一点。你在迈出第一步的时候，心中必须装着第二步——这几乎是我一生的经验。"

"装傻是一门学问。"

"做事不抢时间,不求多,稳稳当当地做,就能做许多事情,这有多好!"

"没有一杆完成的高尔夫比赛,你需要一杆一杆地打下去,你每打出一杆的目的,就是离球洞越近越好,直到把球打进。"